Verständliche Wissenschaft Band 112

Winston E. Kock

Schall – sichtbar gemacht

Übersetzt von H.-D. Bohnen

Mit 94 Abbildungen

Springer-Verlag
Berlin · Heidelberg · New York 1974

Herausgeber der Naturwissenschaftlichen Abteilung
Prof. Dr. Karl v. Frisch, München

Winston E. Kock, Consultant,
The Bendix Corporation,
Ann Arbor, MI 48105/USA

Titel der englischen Originalausgabe
Winston E. Kock: Seeing Sound
Copyright © 1971, by John Wiley & Sons, Inc. All Rights Reserved
Authorized translation from English language edition
published by John Wiley & Sons, Inc.

ISBN-13: 978-3-540-06629-3   e-ISBN-13: 978-3-642-95258-6
DOI: 10.1007/978-3-642-95258-6

Umschlagentwurf: W. Eisenschink, Heidelberg

Vorwort des Verfassers

Warum sollten wir den Wunsch haben, Schall zu „sehen"? Welchen Nutzen können wir für uns aus der Sichtbarmachung des Phänomens erwarten, das wir seit eh und je so wirkungsvoll mit unseren Ohren wahrnehmen? Ein alter Grundsatz lautet: Sehen heißt glauben, und die Geschichte wissenschaftlichen Fortschritts ist voll von Versuchen, die Beobachtung physikalischer Vorgänge und Messungen experimentell auf etwas zurückzuführen, das wir sehen können.

Heute ist die Sichtbarmachung wichtiger Messungen und Wahrnehmungen des täglichen Lebens bereits Allgemeingut. Der Geschwindigkeitsmesser im Kraftfahrzeug, das Thermometer am Haus, die Zeiger der Armbanduhr, sie alle wandeln die variablen Größen, die uns im täglichen Leben so wichtig sind, in sichtbare, beobachtbare Einheiten um. In wissenschaftlichen Laboratorien der Universitäten und der Industrie macht man ebenfalls umfangreichen Gebrauch von der sichtbaren Darstellung, die besonders augenfällig wird bei den Geräten, die Veränderungen gewisser variabler Größen abtasten und uns dann ihre Messungen sichtbar auf Skalen, durch Zeiger oder durch bewegliche Lichtpunkte anzeigen. Diese sichtbare Wiedergabe verhilft dem Wissenschaftler oft zu besserem Verständnis der zu untersuchenden Vorgänge; in anderen Fällen erlaubt sie eine genauere Analyse einzelner am Phänomen oder Experiment beteiligter Faktoren.

Daher überrascht es nicht, daß schon ziemlich früh Versuche gemacht wurden, Schallphänomene durch Sichtbarmachung zu erforschen. Dazu gehören die empfindliche Gasflamme (deren Höhe der Intensität auftreffender Schallwellen entspricht) und der Phonoautograph, bei dem ein an einer Membran befestigter Schreibstichel eine sich bewegende, geschwärzte Glasoberfläche berührte und dort eine Kurve zeichnete, aus der Intensität und Höhe des einfallenden Schalls abzulesen waren. Es gibt viele verschiedene Gründe für diese und andere nachfolgende Versuche, Schallphänomene darzustellen und so auch für dieses Buch, eine Diskussion über sichtbaren Schall zu versuchen. Hier sind einige davon:

1. Durch die Aufzeichnung von räumlichen Bildern sich ausbreitender Schallwellen können wir die Wirkung von Beugungs- und Brechungsprozessen beobachten und messen, die immer dann auftreten, wenn Schallwellen auf Hindernisse treffen oder unterschiedliche Strukturen durchlaufen.

2. Da es auch Schall gibt, der außerhalb unseres Hörbereichs liegt, erfordert dieser eine Darstellungsmethode, um seine Eigenschaften genau zu verstehen.

3. Schallereignisse entstehen auch im Ozean, und ihre sichtbare Darstellung hat sich als äußerst nützlich bei ihrer Entdekkung und Erforschung erwiesen.

4. Oft verstehen wir mehr von den Eigenschaften komplizierter Schallwellen von Sprache und Musik, wenn uns die Analyse in sichtbarer und nicht in hörbarer Form vorliegt. (Es gibt einen Fall, wo die letzten Funksprüche eines abstürzenden Flugzeugpiloten entziffert wurden durch die spätere Überprüfung einer sichtbar gemachten Analyse seiner Worte, die wiederum von einer Tonbandaufnahme erstellt wurde.)

In diesem Buch werden viele Schallarten dargestellt und diskutiert. Wir werden natürliche und von Menschen erzeugte Schallwellen im Ozean sehen. Die Schallwellen der Sprache und Musik, der Flugzeuge, sowie die Schallwellen von Geräuschen werden uns beschäftigen.

Ich hoffe, daß der Leser durch die sichtbare Darstellung verschiedener Schallarten eine tiefere Einsicht in deren Wesen erhält und dadurch sein Interesse geweckt wird an den zahlreichen Problemen, die den Akustiker bis heute noch beschäftigen.

W. E. Kock

Danksagung

Ich danke F. K. Harvey von den Bell Telephone Laboratories
für die Fotografien der Schallwellen-Raumbilder der Kapitel 2,
3 und 7, sowie R. K. Potter, B. P. Bogert, K. H. Davis, Homer
Dudley, H. K. Dunn, R. L. Miller, W. R. Bennet und J. L. Flanagan
von den Bell Telephone Laboratories für die Schallspektrogramme
der Kapitel 4, 5, 6 und 7, außerdem R. K. Mueller von den
Bendix Research Laboratories und Lowell Rosen von der National
Aeronautics and Space Administration für die Hologramme des
Kapitels 7.

W. E. K.

Inhaltsverzeichnis

1. Kapitel

Die Schalleigenschaften

Schall entsteht immer dann, wenn sich etwas bewegt: die gespannte Haut einer Trommel, die dröhnenden Wellen des Meeres, der Wind, der durch die Bäume streicht. So verschieden wie alle diese Bewegungen sind, so verschieden ist der Schall, den sie erzeugen. Die Eigenschaften eines ganz bestimmten Schallereignisses hängen ganz wesentlich von der Bewegung ab, welche die Ursache ist. Wenn es sich um eine besonders schnelle Hin- und Herbewegung handelt, wird der Schall Schwingungen enthalten, die sehr schnell und deshalb helltönend sind. Eine weniger schnelle Hin- und Herbewegung erzeugt Schall mit tieferem Ton oder tieferer Frequenz. Die Schnelligkeit der sich wiederholenden Bewegung wurde gewöhnlich als Schwingungen oder Schwingungen pro Sekunde bezeichnet. Neuerdings hat sich die Bezeichnung „Hertz", Hz (nach dem deutschen Wissenschaftler Heinrich Hertz) eingebürgert.

Wir sehen also, daß Schall zumindest eine Eigenschaft besitzt, welche die Unterscheidung zwischen verschiedenen Schallereignissen möglich macht: seine Tonhöhe oder Frequenz. Da der Tonhöhenbereich unserer Ohren begrenzt ist, können wir Schall nur hören, wenn seine Frequenz über etwa 15 Hz und unter 15 000 bis 20 000 Hz liegt. Daraus folgt, daß Schall für uns nicht hörbar ist, wenn die Schwingbewegung zu langsam (d. h. unter 15 Hz) oder zu schnell ist (d. h. über 20 000 Hz). Es gibt jedoch Instrumente, die Schall auch jenseits dieser Frequenzgrenzen erfassen.

Wie die Geschwindigkeit der Hin- und Herbewegung die Tonhöhe bestimmt, wird die Lautstärke durch die Größe der Bewegung bestimmt. Wenn man eine Karte gegen ein sich drehendes Zahnrad hält (siehe Abb. 1.1), entsteht ein hoher Ton bei großer Drehgeschwindigkeit des Rades und ein niedrigerer Ton bei langsamerer Geschwindigkeit. Ebenso ist der erzeugte Schall leiser, wenn die Zähne des Rades klein sind (wie durch die unterbrochene Linie angedeutet), als der Schall, der durch ein tiefgefurchtes Zahnrad und eine deshalb lebhaftere Bewegung der Karte erzeugt wird. Wir stellen also fest, daß die Lautstärke (oder Intensität) des Schalls eine weitere wichtige Eigenschaft darstellt.

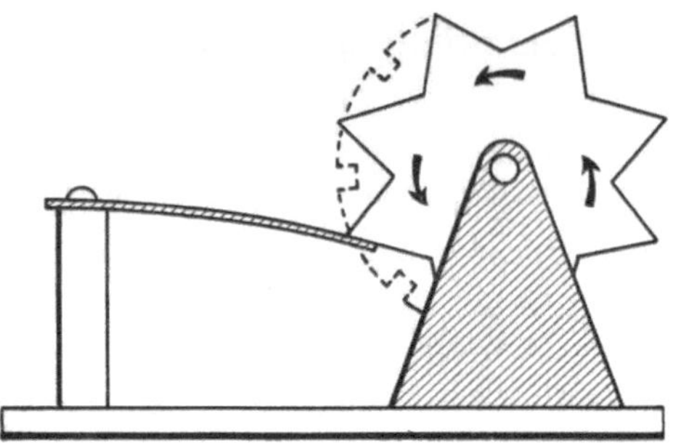

Abb. 1.1. Ein schnell rotierendes Zahnrad erzeugt mit einer eingespannten Karte Schall. Ein Rad mit flachen Einkerbungen (angedeutet durch die unterbrochene Linie) erzeugt Schall mit geringerer Lautstärke

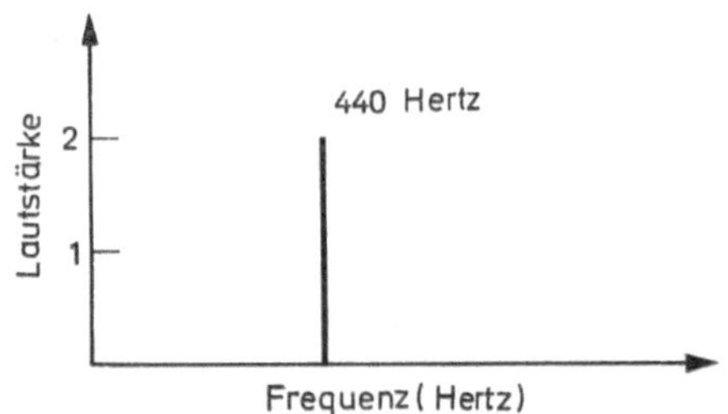

Abb. 1.2. Spektrum einer Schallwelle, die nur aus einer einzigen Frequenz besteht

Eine weitere Eigenschaft des Schalls ist seine Klangfarbe, die von größter Einfachheit bis zu extremer Komplexheit reichen kann. Der Ton einer auf ihren Resonanzraum montierten Stimmgabel ist z. B. ein Ton von geringer Klangfarbe, da nur eine Frequenz (oder Tonhöhe) beteiligt ist. Der Ton kann laut oder leise sein, aber er besitzt nur eine einzige Tonhöhe, die allein von der Struktur der Stimmgabel abhängt.

Abb. 1.2 zeigt eine Form der graphischen Darstellung dieses extrem einfachen Tones. Die Koordinaten sind Frequenz und

2

Lautstärke, und wir haben angezeigt, daß die Tonhöhe (oder Frequenz) dieser einzelnen Note 440 Hz ist [1] und die Lautstärke gleich zwei „Einheiten".

Ist die Stimmgabel kleiner, entsteht bei ihrem Anschlag ein ebenso einfacher Ton aber in höherer Tonlage. Wir können bei gleichzeitigem Anschlag zweier Stimmgabeln ein Tongemisch erzeugen. Der Ton besteht dann nicht mehr aus einer, sondern aus zwei Frequenzen. Abb. 1.3 zeigt eine Darstellung dieses Schalls, der

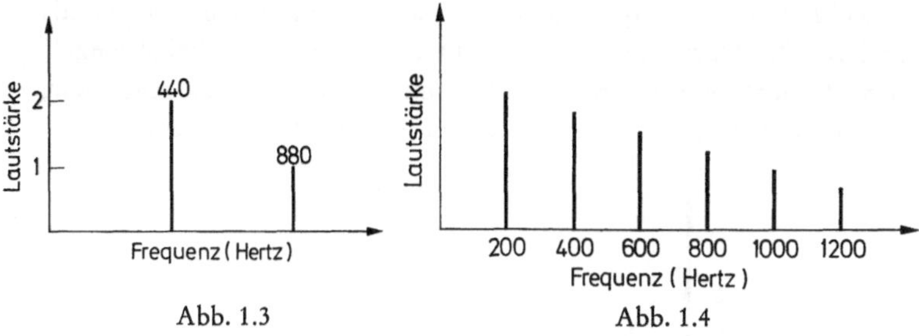

Abb. 1.3   Abb. 1.4

Abb. 1.3. Schallspektren mit zwei einzelnen Frequenzen
Abb. 1.4. Eine periodische Welle kann viele Oberwellen haben, die alle ganzzahlige Vielfache der Grundfrequenz sind

aus dem Ton der ersten Stimmgabel (Frequenz 440 Hz, Lautstärke 2 „Einheiten") und dem leiseren Ton der zweiten, kleineren Stimmgabel (Frequenz 880 Hz, Lautstärke eine „Einheit") besteht.

Wir können Schall erzeugen, der sehr viel komplizierter ist als diese Zweiton-Note; ein Orgelakkord z. B. besteht aus einer großen Vielzahl von Frequenzen. Sogar der Klang einer einzelnen Mandolinensaite ist ziemlich gemischt. Der Grund dafür liegt darin, daß eine gespannte Saite nicht nur in ihrer Grundschwingung vibriert (wie eine Stimmgabel es tut), sondern in zahlreichen anderen Schwingungsformen. Diese Schwingungstypen erzeugen zusätzliche Töne, deren Frequenzen immer Vielfache, oder Oberwellen der Grundfrequenz der Saitennote sind. Die verschiedenen Oberwellen, oder Obertöne, bilden zusammen mit dem Grundton erst

---

[1] Dies ist die Frequenz der Note, die als „Kammerton a" bezeichnet wird, nach der Symphonieorchester ihre Instrumente stimmen.

ein volles schönes Tongemisch. Abb. 1.4 zeigt die Darstellung einer harmonischen Reihe eines an Obertönen reichen Tons.

Alle bisher erwähnten Schallereignisse sind jedoch, da sie aus einzelnen Tönen oder auch Tonkombinationen mit „musikalischem" Charakter bestanden, im Vergleich zu Schallereignissen von Geräuschen nicht sehr komplex. Ein sehr breites Frequenzspektrum weisen dagegen z. B. ein heulender Sturm, ein Donner oder das Geräusch eines Düsenflugzeugs auf. Im allgemeinen können wir diesen geräuschvollen Schallereignissen keine Tonhöhe zuordnen, obwohl gewisse Frequenzbereiche stärker betont sein mögen als andere. Die Darstellung ihres Spektrums zeigt daher keine einzelnen „Linien" wie in Abb. 1.2, 1.3 und 1.4; statt dessen sehen wir, wie in Abb. 1.5, breite Flächen dominierender Frequenzen.

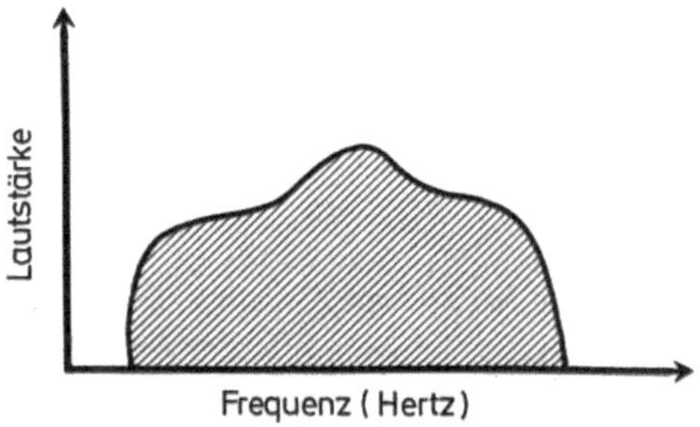

Abb. 1.5. Geräusche sind keine periodischen Schallereignisse. Ihr Spektrum erstreckt sich über ein breites Frequenzband

Zusammenfassend stellen wir fest, daß ein Schallereignis verschiedene Eigenschaften besitzt: Lautstärke, eine gewisse Qualität, oder Mischung, und vielleicht eine Tonhöhe, die von seinem Frequenzgehalt abhängt. Einige Schallereignisse, wie sie z. B. bei Musik auftreten, haben eine Frequenzstruktur, bei der die Obertöne alle im harmonischen Verhältnis zur gegebenen Grundnote stehen. Solche Töne haben eine Tonhöhe (die im allgemeinen mit der Frequenz der Grundnote identisch ist). Andere Schallereignisse weisen jedoch kein exaktes, ausgeprägtes Verhältnis zwischen den Frequenzen auf, die den Gesamtschall ergeben. Sie ähneln mehr den Geräuschen.

Wir wollen nun betrachten, was nach der Erzeugung des Schalls geschieht. Wie bewegt sich der Schall, oder die „Störung“, fort? Wie pflanzt sich Schall z. B. bis zu unserem Ohr fort?

Zu allererst beinhaltet Luftschall eine physikalische Bewegung der Luft selbst. Wir stellten fest, daß Bewegung Schall erzeugt, aber zu seiner Fortpflanzung braucht der Schall ein Medium, in dem die Störung sich ausbreiten und vom Ort der Entstehung wegbewegen kann. Es kann ohne Wasser keine Wasserwellen und ohne Luft keinen Luftschall geben. Der Schall einer elektrischen Türglocke wird sehr schwach, wenn man sie in einer Glasglocke anbringt, aus der die Luft evakuiert ist. Natürlich kann sich Schall auch in anderen Medien als Luft ausbreiten, z. B. in Wasser, in anderen Flüssigkeiten oder Festkörpern. Da Schall sich in festen Körpern fortpflanzen kann, war das Vakuumglockenexperiment historisch nicht sehr überzeugend. Zahlreiche Forscher, die solche Versuche unternahmen, isolierten die Glocke nicht sachgemäß, und so war der Schall trotz evakuierter Luft hörbar wegen der Übertragung durch die tragende Konstruktion [2].

Wenn wir nun annehmen, daß ein Medium vorhanden ist, wie vollzieht sich dann der Mechanismus der Fortpflanzung? Bei Wasserwellen können wir leicht sehen, daß eine Störung, hervorgerufen durch einen in ruhiges Wasser geworfenen Stein, sich in der Gestalt von immer größer werdenden Ringen von kleinen Wellen ausbreitet. Wir können uns auch vorstellen, daß ein Wellengenerator in der Mitte eines Sees, der eine rhythmische Auf- und Abbewegung des Wassers bewirkt, stabile, kontinuierliche Wellen erzeugt, die sich konstant und gleichmäßig von der Quelle wegbewegen. Im nächsten Kapitel werden wir sehen (in Fotografien von Raumbildmustern der Schallwellen), daß auch Schall sich als Welle ausbreitet.

Da unsere Atmosphäre dreidimensional ist, breiten sich unbehinderte Schallwellen nicht nur in zwei (wie Wasserwellen auf einem See), sondern in drei Richtungen aus als immer größer werdende Kugeln. Die bei der Erzeugung des Schalls fixierte Energie-

---

[2] Um 1650 unternahmen Athanasius Kircher und Otto von Guericke das Vakuumglockenexperiment und schlossen daraus, daß Luft zur Schallübertragung *nicht* notwendig sei. 1660 wiederholte Robert Boyle den Versuch mit dem überzeugenden Beweis, daß Luft doch notwendig ist.

menge muß über eine immer größer werdende Kugeloberfläche ausgebreitet werden. Deshalb nimmt die Lautstärke, oder Kraft des Schalls mit zunehmender Entfernung zwischen Schallquelle und Hörer ab.

Bei der Beobachtung von Wasserwellen auf einem See bemerken wir, daß sie sich mit ziemlich konstanter Geschwindigkeit fortbewegen. Auch Schallwellen haben eine eigene Fortpflanzungsgeschwindigkeit. Ist z. B. ein Gewitter sehr nah, folgen Blitz und Donner unmittelbar aufeinander. Ist es dagegen weiter entfernt, liegen zwischen Blitz und Donner einige Sekunden. Der Grund liegt in der Tatsache, daß der Blitz unser Auge fast augenblicklich erreicht, während der Schall sich erheblich langsamer ausbreitet. Die zeitliche Verzögerung zwischen dem Sehen des Blitzes und dem Hören des Donners liegt darin, daß der Schall länger braucht, um unser Ohr zu erreichen, als der Blitz, um das Auge zu erreichen. Schall breitet sich mit einer Geschwindigkeit von 340 m/sec (in Seehöhe) aus, während das Licht 300 000 km/sec zurücklegt — also fast 1 Million mal schneller ist. Folgt der Donner dem Blitz in ca. 3 Sekunden, so können wir uns ausrechnen, daß der Blitzschlag in ca. 1 km Entfernung stattgefunden hat.

Zusammengefaßt können wir sagen, daß die Eigenschaft, die man als Wellenlänge bezeichnet, bestimmt wird durch die Geschwindigkeit des Schalls und die Frequenz eines Tons. Bei der Beobachtung von Wasserwellen auf einem See stellen wir fest, daß die kreisförmigen Wellen manchmal klein und manchmal groß sind; d. h. der Abstand zwischen Wellenbergen und -tälern kann unterschiedlich groß sein, abhängig von der Größe des Objekts, das die Störung verursacht. Wenn wir unsere Hand so über die Wasseroberfläche halten, daß sie fast das Wasser berührt, können wir bei herannahenden Wellen jeden Wellenberg fühlen. Wenn die Abstände groß sind, werden die aufeinanderfolgenden Wellenberge unsere Hand weniger oft berühren, als wenn sie in schneller Folge dicht zusammenliegen. Wir würden sagen, daß die Berge der Wellen, deren Berg-zu-Berg-Abstand groß ist, unsere Hand mit niedrigerer Frequenz berühren, als die Wellenberge, bei denen der Abstand klein ist. Wir können also zumindest für den Fall der Wasserwellen annehmen, daß bei einer vorgegebenen Geschwindigkeit der Wellenfortpflanzung Wellen mit geringeren Abständen zwischen den Wellenbergen (d. h. kurzen Wellenlängen) eine höhere „Frequenz" haben und solche mit großer Wellenlänge eine niedrigere Frequenz.

Ähnlich ist es bei Schallwellen. An dem Punkt, wo der Schall empfangen oder abgetastet wird, macht er sich durch Schwankungen des Luftdrucks bemerkbar — die gleichen Schwingungen, die an der Schallquelle durch die Bewegung der schallerzeugenden Oberfläche entstehen. Wir hören Schall, weil die Schalldruckschwankungen unser Trommelfell nach innen und außen stoßen. Alle Wellenberge oder Hochdruckzonen, die uns erreichen, drücken unser Trommelfell nach innen. Folgt ein neuer Wellenberg in rascher Folge, bewegt sich unser Trommelfell sehr schnell vor und zurück, d. h. es bewegt sich mit hoher „Frequenz". Wenn aber die Wellenberge (oder Hochdruckzonen) weit voneinander entfernt sind, erfährt unser Trommelfell wegen der gegebenen Geschwindigkeit, mit der sich Wellenberge fortpflanzen, eine geringere Vibrationsbewegung, d. h. eine niedrigere Frequenz.

Die Geschwindigkeit von Schall in Luft ist ziemlich konstant. Folglich steht die Schallfrequenz direkt in Beziehung zur Entfernung zwischen den Wellenbergen; d. h. die Frequenz oder Tonhöhe weist eine bestimmte Beziehung zur Wellenlänge der Schallwelle auf. Dieses Verhältnis können wir so ausdrücken: die Wellenlänge ist gleich der Geschwindigkeit geteilt durch die Frequenz. Anders gesagt: die Wellenlänge ist umgekehrt proportional der Frequenz, wobei der Proportionalitätsfaktor die Schallgeschwindigkeit ist. Im nächsten Kapitel werden wir aus Abb. 2.11 erkennen, daß die Eigenschaften und Ausbreitungscharakteristika von Schallwellen denen von Wasserwellen sehr ähnlich sind. Dieses Foto illustriert deutlich den Begriff der soeben beschriebenen Wellenlänge insofern, als nämlich die Wellenlänge der radialen Entfernung zwischen zwei beliebig aufeinander folgenden Wellenbergen entspricht.

2. Kapitel

Schallwellen — sichtbar gemacht

Um eine Erscheinung oder eine Messung sichtbar zu machen, benötigen wir eine Vorrichtung, die die interessierende, physikalische Seite der Erscheinung abtastet und in ein sichtbares Bild umwandelt. Temperaturwechsel werden bei einem Thermometer durch temperaturabhängige Ausdehnung und Zusammenziehung von Quecksilber oder Alkohol deutlich und gut sichtbar gemacht, indem man die Thermometerröhre vor einen hellen Hintergrund montiert. Um die Geschwindigkeit eines Autos sichtbar zu machen, benutzen wir eine Apparatur, die die Geschwindigkeit der Radumdrehungen abtastet und danach die Stellung eines Zeigers auf dem Geschwindigkeitsmesser entsprechend vornimmt.

Zur Sichtbarmachung von Schall benutzen wir ein elektronisches Gerät, das Mikrophon genannt wird. Es tastet den wechselnden Schalldruck der auftreffenden Schallwelle ab und wandelt ihn in einen wechselnden elektrischen Strom um. So wandelt z. B. das Mikrophon in einem Telefon Sprachschall in elektrische Signale um und übermittelt sie zum anderen Ende der Telefonleitung, wo sie dann mit Hilfe des Telefonempfängers in den ursprünglichen Schall des gesprochenen Wortes zurückverwandelt werden. Mit Hilfe eines Mikrophons wird lauter Schall in ein großes elektrisches Signal, leiser Schall in ein kleines Signal umgewandelt.

Das elektrische Signal eines Mikrophons kann man sichtbar machen, indem man es an eine elektrische Lampe anschließt, die dann aufleuchtet. Ein lauter Schall (ein großes elektrisches Signal) erzeugt helles Licht und umgekehrt erzeugt ein leiser Schall nur ein schwaches Licht. Eine normale Glühlampe spricht nicht schnell genug auf die rasch aufeinanderfolgenden Variationen der Schalllautstärke an. Eine kleine Glimmlampe (Gasentladung) hingegen ist dazu in der Lage und wird deshalb bei den folgenden Versuchsbeschreibungen verwendet. In einem geräuschvollen Bereich ist die

Glimmlampe sehr hell, wohingegen sie in einem ruhigen Gebiet schwach oder gar nicht leuchtet.

Um nun die Schallintensität an allen Punkten eines Gebietes zu messen und von diesem Intensitätsmuster ein Bild herzustellen, wird die Glimmlampe direkt an das Mikrophon montiert. Die Helligkeitsunterschiede werden fotografisch festgehalten, während die Mikrophon-Lampe-Kombination in dem interessierenden Be-

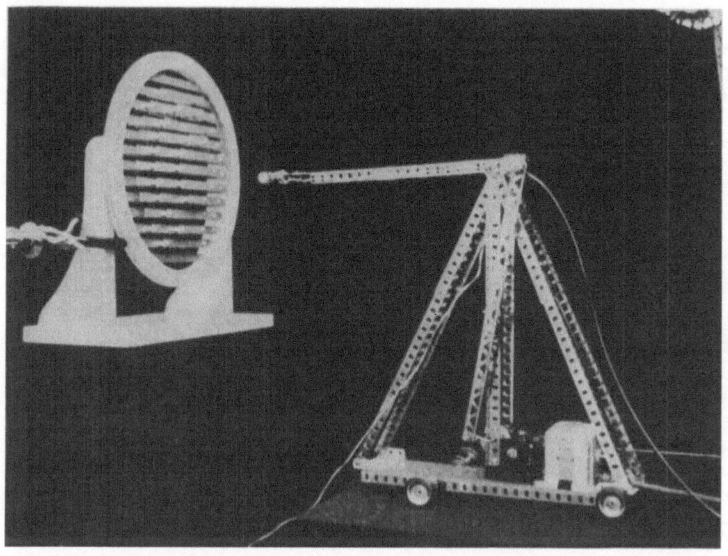

Abb. 2.1. Ein motorgetriebenes Abtastgerät, das die Strahlungskeule in einer Ebene analysiert, ist aus einem Spielzeugbaukasten hergestellt

reich hin- und herbewegt wird. Die Helligkeit der Lampe an einem bestimmten Punkt ist dann bezeichnend für die Lautstärke des Schalls an diesem Punkt. Eine Kamera mit Langzeitbelichtung ist auf das Gebiet ausgerichtet und hält das Helligkeitsmuster fotografisch fest. Die Mikrophon-Lampe-Kombination tastet das Gebiet ab, und die Kamera zeichnet Punkt für Punkt die Helligkeitsunterschiede auf. Das Ergebnis ist eine fotografische Aufzeichnung der Lautstärkecharakteristik eines Schallereignisses in einem vorgegebenen Gebiet.

Abb. 2.1 zeigt ein solches aus einem mechanischen Spielzeugbaukasten erstelltes Gerät zum Abtasten eines Schallfeldes mit einer Mikrophon-Lampe-Kombination. Während der Ausleger sich auf- und abbewegt, schwenken das Mikrophon und die Lampe an seinem Ende in einem großen kreisförmigen Bogen herum. Zur gleichen Zeit rollt das ganze Gerät langsam nach rechts. Auf diese Art entsteht ein Zick-Zack-Abtastbild von Mikrophon und Lampe.

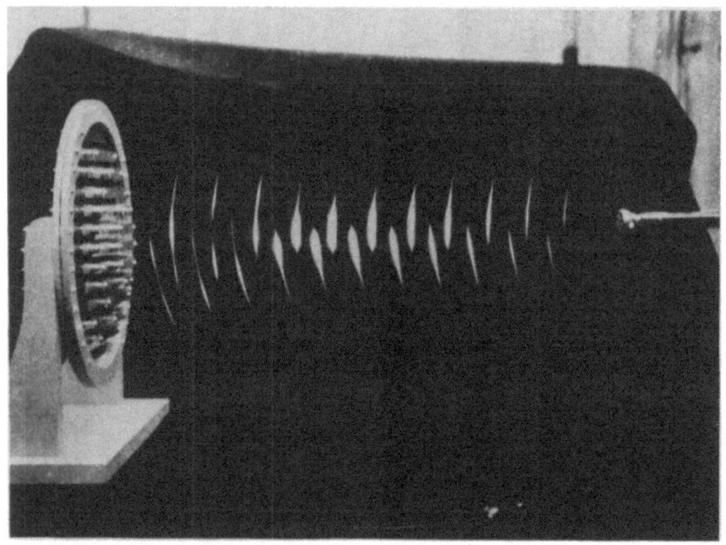

Abb. 2.2. Wenn man eine normale Glühlampe beim Abtastgerät aus Abb. 2.1 verwendet, entsteht eine unerwünschte thermische Verzögerung. Außerdem sind die Striche zu weit voneinander entfernt

Abb. 2.2 zeigt das Ergebnis einer Langzeitbelichtung mit diesem Gerät, nachdem es ein gleichförmiges Schallfeld durchwandert hat, das vor einer akustischen Linse existiert. Eine akustische Linse bündelt Schallwellen auf die gleiche Art wie ein Brennglas Sonnenlicht bündelt und konzentriert.

Bei der Aufnahme dieses Bildes wurde statt der Glimmlampe eine normale (weißglühende) elektrische Lampe verwendet. Die Verzögerung zwischen einem großen Signal und hellem Licht läßt die Aufwärtsstriche zu hoch und die Abwärtsstriche zu tief erscheinen. Außerdem wurde die horizontale Bewegung des ganzen Geräts zu schnell ausgeführt, so daß die Auf- und Abstriche zu weit voneinander entfernt sind.

Abb. 2.3 zeigt die gleiche Aufzeichnung, diesmal mit einer Glimmröhre als Lampe. Die hellen Gebiete der Zick-Zack-Striche entsprechen dem in der Mitte gebündelten Gebiet, wo der Schall

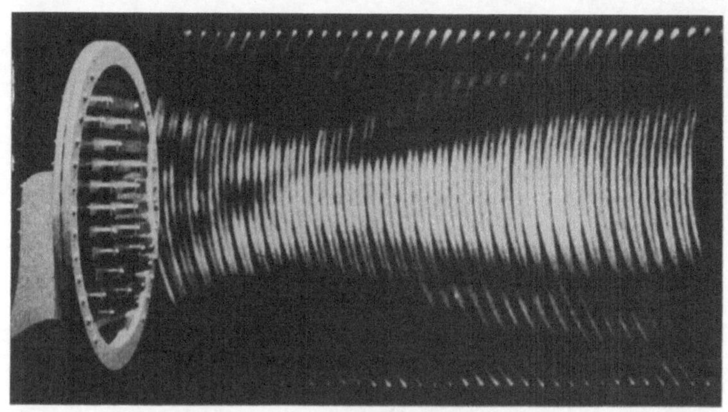

Abb. 2.3. Mit einer schnell ansprechenden Glimmlampe als Lichtquelle wird die Strahlungskeule der akustischen Linse deutlich sichtbar. Dennoch erzeugt das Abtastgerät ein zu grobes Bild

laut ist. Die dunkleren Zonen entsprechen dem Gebiet mit leiserem Schall. Ein gebündelter Schallstrahl ist deutlich erkennbar; dennoch war auch hier die Bewegung der Apparatur zu schnell, so daß die vertikalen Abtastlinien zu weit voneinander entfernt sind.

Um dieses Problem zu überwinden und gleichzeitig eine größere Abtastfläche zu erreichen, wurde eine zweite Version des Abtastgerätes gebaut, die in Abb. 2.4 gezeigt wird. Rechts ist die Kamera zu sehen, die wieder auf Zeitbelichtung eingestellt ist. In der Mitte ist der Abtaststab, an dem das kleine schwarze Mikrophon und die Glimmlampe am äußersten Ende befestigt sind. Oben links sieht man die akustische Linse; dahinter die Öffnung eines Hornstrahlers, der die Schallwellen aussendet. Die Auf- und Abbewegung des Mikrophons sowie die langsame Bewegung der gesamten Apparatur auf den Betrachter zu, werden von einem Motor erzeugt.

Abb. 2.5 zeigt, wie dieses Modell das gleiche Schallbild darstellt, das in Abb. 2.2 und 2.3 von dem ersten einfachen Apparat

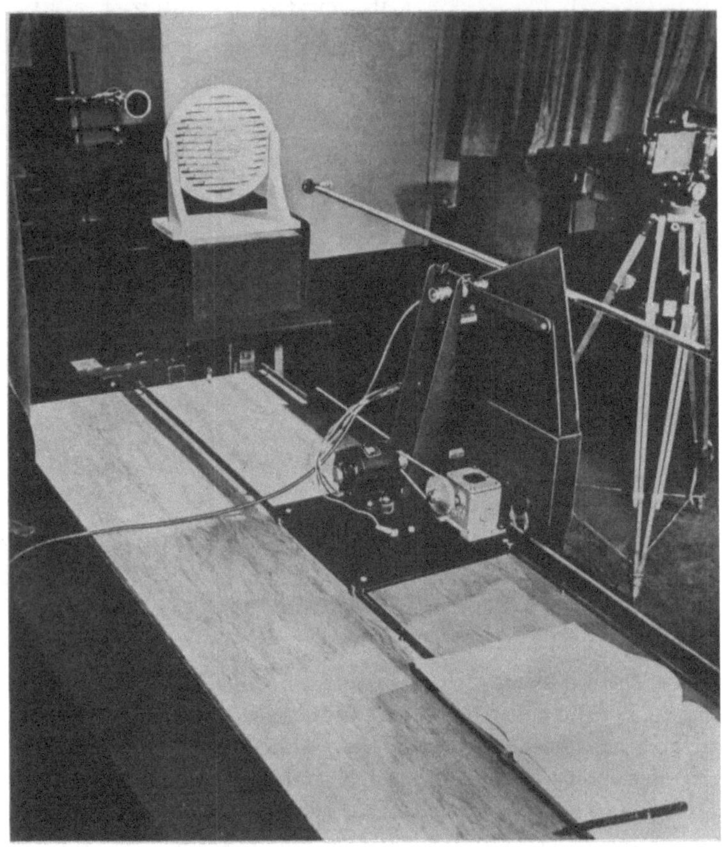

Abb. 2.4. Ein verbessertes Abtastgerät

aufgezeichnet wurde. Hier sind die einzelnen, durch die Zick-Zack-Bewegungen der Glimmröhre sichtbar gemachten, Abtastlinien genügend dicht zusammen, so daß sie sich überlappen und nicht mehr als einzelne Linien sichtbar sind. Das helle Zentrum entspricht dem

Gebiet, wo die Linse eine Schallkonzentration erzeugt hat, d. h. wo die Schallintensität größer ist.

Abb. 2.6 zeigt das Schallfeld vor einem langen Hornstrahler oder Megaphon. Megaphone dienen dazu, die menschliche Stimme stärker in eine bestimmte Richtung zu leiten. Das Foto erläutert, warum dies geschieht. Die helleren Gebiete zeigen deutlich, daß in

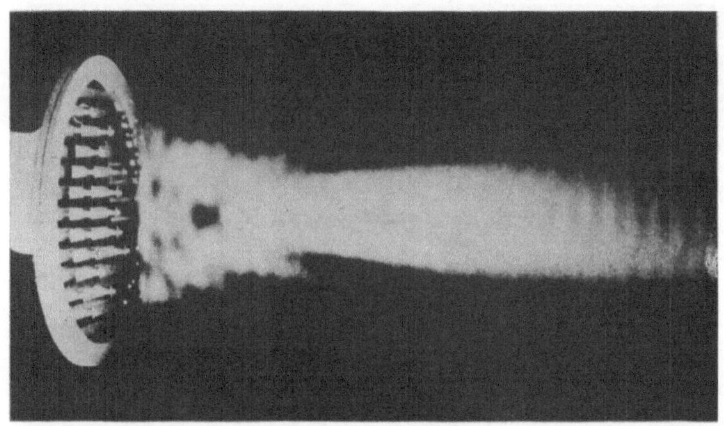

Abb. 2.5. Das Abtastgerät mit größerer Auflösung aus Abb. 2.4 erzeugt ein gleichmäßiges Bildmuster. Die abgebildete 25-cm-Schallinse bündelt Schallwellen mit einer Frequenz von 9000 Hz entsprechend einer Wellenlänge von ca. 3,8 cm

der Richtung, in die der Hornstrahler weist, die größere Schallintensität auftritt und daß die Schallstärke in der Vorwärtsrichtung sogar verstärkt wird. Ein Hornstrahler bietet also die Möglichkeit, Schallenergie entlang der Achse eines solchen Strahlers zu konzentrieren und auszurichten.

Mit Hilfe dieser fotografischen Technik kann man sowohl das Intensitätsmuster eines Schallereignisses sichtbar machen, als auch die eigentliche Ausbreitung der Schallwellen aufzeigen, ähnlich der Fortpflanzung von Wasserwellen, die man auf einem ruhigen Teich verfolgen kann.

Die fotografische Darstellung der Wellenbewegung bedient sich des Interferenzeffekts, der durch zwei aufeinandertreffende Wellen-

systeme entsteht. Wenn man zwei Steine zugleich in einiger Entfernung voneinander ins Wasser wirft, erzeugt jeder seine eigenen
kreisförmig sich ausbreitenden Wellen. Treffen sie aufeinander,
spricht man von Interferenz. An den Punkten, wo beide Wellensysteme Wellenberge aufweisen, addieren sich beide zu einem ein-

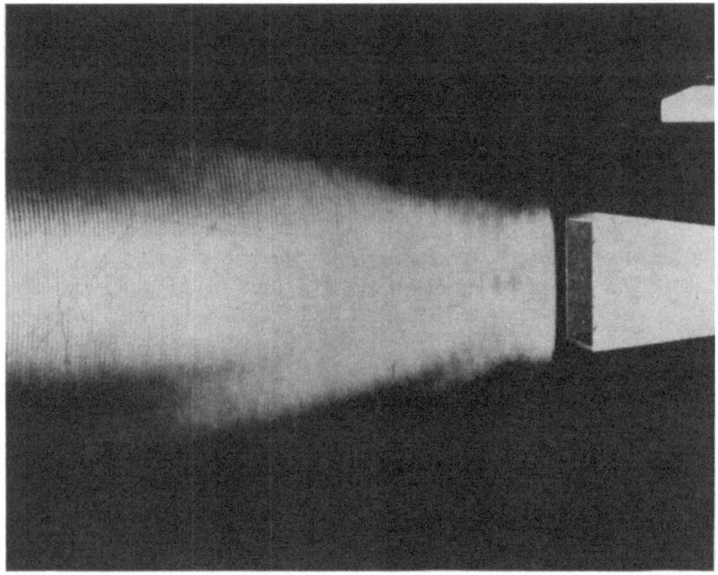

Abb. 2.6. Das Bild der Schallintensität, die durch den pyramidenförmi-
gen Hornstrahler erzeugt wird, kann mit Hilfe der Apparatur aus
Abb. 2.4 deutlich sichtbar gemacht werden. Die Öffnung des Horns ist
ca. 15 cm², die Frequenz der abgestrahlten Schallwellen beträgt 9000 Hz

zigen höheren Wellenberg. Wo zwei Wellentäler zusammentreffen,
ist das durch die Vereinigung entstandene Wellental noch tiefer.
An den Punkten, wo eine Welle einen Berg und die andere ein Tal
hat, verhalten sie sich in Gegenphase, d. h. der Berg der einen
Welle füllt das Tal der anderen auf. Man spricht dann von schwä-
chender Interferenz. Wo die Wellen sich addieren, spricht man von
verstärkender Interferenz.

Der Interferenzeffekt, den wir bei Wasserwellen beobachtet haben, tritt auch bei Schallwellen auf. Wir nehmen dazu an, daß die Schallwellen, die von einem Hornstrahler ausgesendet werden, von zwei Schallgeneratoren erzeugt werden, die in Gegenphase arbeiten. Einer dieser Generatoren erzeugt einen Wellenberg oder eine Welle höherer Intensität, während der andere gleichzeitig ein

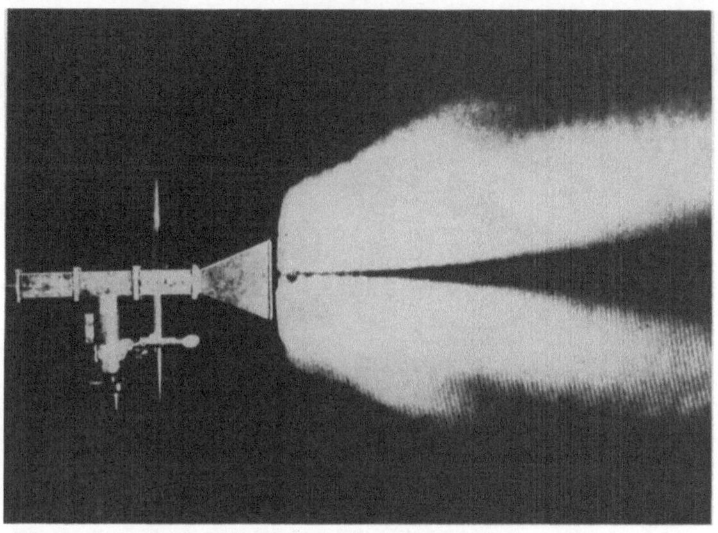

Abb. 2.7. Eine Schallstrahlcharakteristik, die durch Abstrahlung von zwei eng benachbarten Schallquellen mit je einer einzelnen Frequenz und entgegengesetzter Polarität entstanden ist

Tal oder eine Welle niedrigerer Intensität erzeugt. Schallquellen, die in Gegenphase zueinander abstrahlen, bezeichnet man auch als „außer Phase".

Abb. 2.7 zeigt ein Schallbild von zwei übereinander montierten, in Gegenphase strahlenden Schallquellen. Entlang der Mittellinie, die gleich weit entfernt zwischen den zwei Schallquellen verläuft, haben sich die Wellen ausgelöscht und es gibt keinen Schall. Daher erscheint auf dem Bild entlang der horizontalen Mittellinie ein schwarzes Feld. Entlang dieser Linie verursachen die zwei Strahler abschwächende Interferenz. Während in Abb. 2.6 (wo sich nur eine

Schallquelle im Trichterhals befand) eine geschlossene weiße Fläche vor der Trichteröffnung erscheint, zeigt sich in Abb. 2.7, daß die weiße Fläche durch ein schwarzes Gebiet entlang der Mittellinie geteilt ist.

Wenn man die zwei Schallquellen, die in Abb. 2.7 in Gegenphase im Trichterhals abstrahlen, voneinander trennt, erscheint ein Schallbildmuster, wie es in Abb. 2.8 dargestellt ist. Die zwei Schall-

Abb. 2.8. Zwei getrennte Schallquellen mit einer einzelnen Frequenz strahlen in Gegenphase Schallwellen ab und erzeugen diese Schallstrahl-charakteristik

quellen liegen hier in den Mündungen der zwei Rohre, die links sichtbar sind. Aufgrund des abschwächenden Interferenzeffekts der zwei Quellen finden wir wiederum eine horizontale schwarze Linie, die in der Mitte zwischen den zwei Quellen verläuft. Zusätzlich sehen wir weitere schwarze Gebiete, die anzeigen, daß der Schall dort abgschwächt ist. Der Grund dafür liegt in der Tatsache, daß die Schallquellen um drei Wellenlängen voneinander entfernt sind, so daß mehrere Gebiete mit abschwächender Interferenz auftreten, wo der Wellenberg der einen Schallquelle durch ein Wellental der anderen aufgehoben wird.

Abb. 2.9 stellt schematisch dar, wie sich zwei Wellen A und B entweder verstärkend (links) oder aber abschwächend addieren (rechts). Im ersten Fall werden Wellenberge und -täler größer; im zweiten Fall werden sie kleiner. Wenn, wie im letzteren Fall gezeigt, die zwei Wellen exakt die gleiche Größe haben und genau in Gegenphase abgestrahlt werden, findet eine völlige Auslöschung statt und es bleibt keine Welle übrig. Entlang der Mittellinie in Abb. 2.8 sind die Wellenamplituden exakt gleich und heben sich

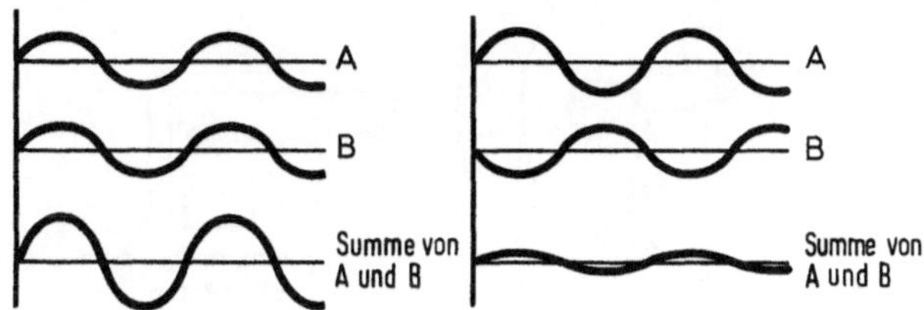

Abb. 2.9. Zwei Wellen derselben Wellenlänge addieren sich (links), wenn sie phasengleich abgestrahlt werden; sie vermindern sich (rechts), wenn sie phasenverschoben sind

gegenseitig ganz auf; da aber die anderen schwarzen Gebiete eine kürzere Entfernung entweder zur oberen oder unteren Schallquelle haben, sind die Signale in diesen Gebieten nicht gleich stark, und heben sich deshalb nicht ganz auf.

Der Auslöschungseffekt, der bei Wellenlängen-Intervallen auftritt, versetzt uns in die Lage, diesen Interferenzeffekt zur Darstellung der Wellenbewegung auszunutzen. Zu diesem Zwecke wird dem vom Mikrofon aufgenommenen Signal ein zweites, fast identisches elektrisches Signal hinzugefügt. In Abb. 2.10 wird zu dem verstärkten Mikrofonsignal ein von einem elektrischen Oszillator erzeugtes Signal addiert. Dieses kombinierte Signal beeinflußt die Helligkeit der Glimmlampe. Das abzutastende Gebiet wird erzeugt von dem Schall, der aus einem Telefonhörer abgestrahlt wird. Dieser wird mit Wellen einer einzelnen Frequenz von einem Oszillator erregt. Einton-Schallwellen ergeben wie Wasserwellen ein sich fortpflanzendes Muster kreisförmiger Wellen mit dem Empfänger im Mittelpunkt.

In der Zeichnung sind die Wellenberge durch dicke schwarze Kreisabschnitte angedeutet; die Wellentäler liegen dazwischen. Das

Mikrofon liegt hier momentan in Höhe eines Wellenberges. Ferner nehmen wir an, daß im gleichen Augenblick das Ausgangssignal des Oszillators ebenfalls auf einem Wellenberg liegt. Da die elektrischen Ausgangswerte der zwei Quellen (Mikrofon und Oszillator) sich addieren, entstehen höhere elektrische Wellenbergwerte. Einen Augenblick später, wenn anstelle des Wellenberges ein Wellental getreten ist (wiederum für beide Quellen), wird das kombinierte elektrische Wellentalsignal noch kleiner, wie es im lin-

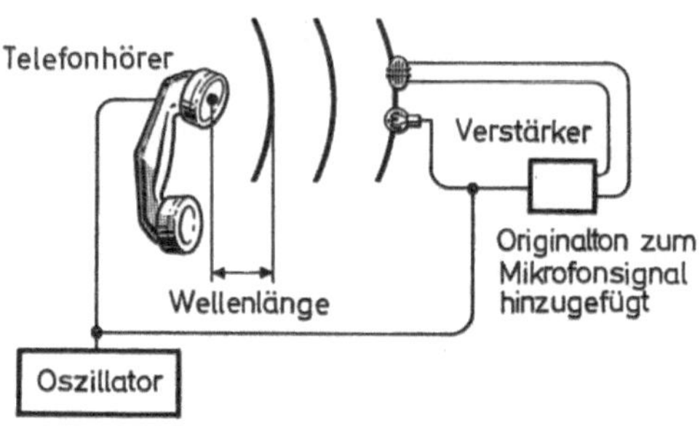

Abb. 2.10. Wenn man das Mikrofonsignal mit dem Oszillatorsignal zusammenbringt, entsteht als Ergebnis, abhängig von der Stellung des Mikrofons im Verhältnis zur Schallquelle, entweder eine Wellenaddition oder eine -subtraktion

ken Teil von Abb. 2.9 zu sehen ist. Dann tritt verstärkende Interferenz auf, und die Glimmlampe leuchtet hell auf. Wenn aber das Mikrofon in eine Position auf halbem Wege zwischen den Wellenbergen verlegt wird (d. h. auf dem Bild zwischen die schwarzen Linien), wirken die zwei Ausgangssignale gegeneinander. Die Signale heben sich auf und die sehr schwache (kombinierte) elektrische Ausgangsleistung verursacht, daß die Glimmlampe nur noch schwach oder gar nicht mehr aufleuchtet.

Wenn man die zwei elektrischen Ausgangssignale der zwei Schallquellen gleich groß macht, kann man sehr starke Interferenzeffekte beobachten. Man findet dann in dem Bereich vor dem Empfänger Ringe, die Orte sehr kleiner kombinierter Signale darstellen, und solche (die schwarzen kreisförmigen Segmente in Abb. 2.10), wo die Wellenberge und -täler von den zwei Quellen simultan abgestrahlt werden und die Glimmlampe dann hell auf-

leuchtet. An den Punkten im Raum, die ein, zwei oder drei Wellenlängen (oder jede weitere ganzzahlige Wellenlänge) von dem Empfänger entfernt liegen, addieren sich die zwei Signale und die
Glimmlampe ist hell. An den Punkten, wo die Signale um eine
halbe Wellenlänge voneinander getrennt sind, subtrahieren sie sich
und die Lampe leuchtet nur schwach auf.

Wenn die Mikrofon-Glimmlampe-Kombination sich von der
Schallquelle fortbewegt, entspricht das Lichtmuster der Position der
Wellenberge und -täler der von der Schallquelle ausströmenden
Wellen. Dieses Lichtmuster von Bergen und Tälern bleibt so im
Raum fixiert, wie es von dem sich bewegenden Mikrofon und der
Lampe abgetastet wird. Aus diesem Grunde kann man die Mikro-

Abb. 2.11. Die tatsächlichen Schallwellenfronten können mit Hilfe der
aus Abb. 2.10 bekannten Methode der Wellenaddition und -subtraktion
dargestellt werden. Bei einer Frequenz von 4000 Hz ist ein Telefonhörer
relativ ungerichtet, und die Schallwellen breiten sich in alle Richtungen
aus

fon-Lampe-Kombination nach jedem beliebigen Schema auf-, ab-
oder seitwärts schwenken. Dabei wird sich immer wieder die gleiche
Lichtverteilung einstellen. Abb. 2.11 zeigt ein solches Muster eines
Schallfeldes, das von einem Telefonhörer erzeugt wurde.

Die Wellen in Abb. 2.11 sind sich ständig erweiternde Kreise,
deren Mittelpunkt der Telefonhörer ist. Deutlich erkennt man die

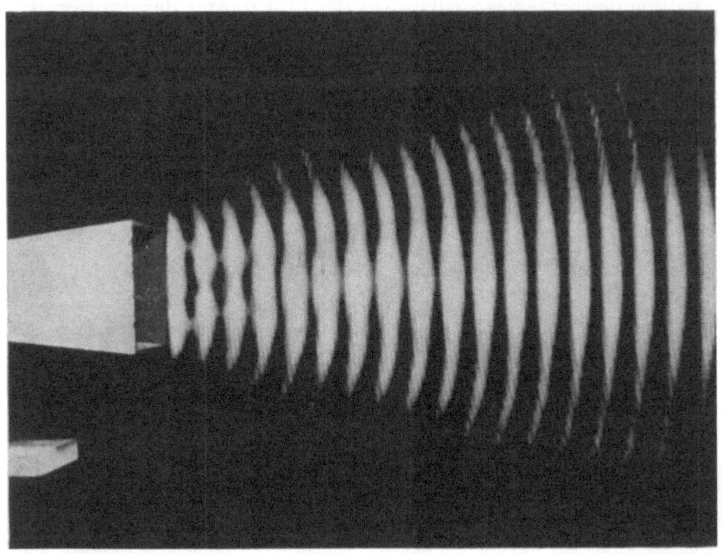

Abb. 2.12. Die Wellenfronten der Richtcharakteristik aus Abb. 2.6

Ähnlichkeit mit Wasserwellen auf einem Teich. Auf dieser Aufnahme erzeugt der Telefonhörer ein reines Signal von 4000 Hz. Da
der Hörer im Verhältnis zur Schallwellenlänge klein und deshalb
nicht wie der Trichter in Abb. 2.6 gerichtet ist, breiten sich die
Wellen in einem gleichmäßigen kreisförmigen Muster nach allen
Richtungen hin aus.

In Abb. 2.12 wird das Schallbildmuster aus Abb. 2.6 mit Hilfe
der soeben beschriebenen Technik noch einmal geprüft. Hier haben
die Wellenfronten nur eine vernachlässigbar geringe Krümmung.
Das Schwächerwerden (und völlige Verschwinden) oben und unten

in der Schallkeule zeigt an, daß außerhalb des durch den Trichter
gerichteten Schallstrahls die Schallintensität nur sehr gering ist.

Abb. 2.13 zeigt das Wellenfrontbild aus Abb. 2.7. Die Gegenphase zwischen der oberen und unteren Schallquelle ist hier noch
deutlicher zu erkennen. Die weiße Streifenbildung oben verlängert
sich zu den schwarzen Streifen unten. Anders gesagt: ein Wellen-

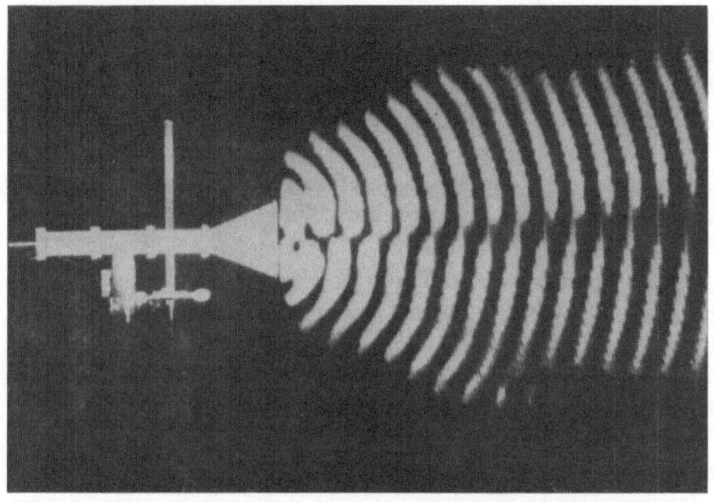

Abb. 2.13. Die Wellenfronten der Richtcharakteristik aus Abb. 2.7 zeigen
eine umgekehrte Polarität; die dunklen Wellentäler der oberen Keule
liegen den hellen Wellenbergen der unteren Keule gegenüber

berg im oberen Abschnitt trifft auf ein Wellental im unteren Abschnitt.

Das soeben beschriebene Verfahren zur Beobachtung von Schallwellenmustern und ihrer Ausbreitung wird im folgenden Kapitel
dazu verwendet, zahlreiche Schallfeld-Verteilungen verschiedener
Typen darzustellen. Wir werden feststellen, daß die Sichtbarmachung das tiefere Verständnis gewisser Schallbrechungs- und
-beugungseffekte fördert.

3. Kapitel

Verschiedene Wellenbilder

In diesem Kapitel werden wir Beispiele von Schallwellenbildern diskutieren, die uns einen Einblick in verschiedene Wellenphänomene wie Interferenz, Beugung und Brechung geben können. Interferenz und Beugung spielen eine grundlegende Rolle in der Holografie, einer interessanten optischen Technik zur Erzeugung sehr eindrucksvoller dreidimensionaler Fotografien. Eine der jüngeren Entwicklungen ist die akustische Holografie, die in der sichtbaren Rekonstruktion von Schallwellen-„Fotografien" besteht. Diese Technik wird ausführlich in Kapitel 7 behandelt.

Beugungseffekte treten immer dann auf, wenn Wellen auf lichtundurchlässige Objekte treffen. Die Wellentheorie sagt für gewisse Situationen recht ungewöhnliche Erscheinungen voraus, von denen einige nur schwer zu akzeptieren sind, obwohl die Theorie selbst recht einfach ist.

Ein solches Phänomen ist z. B. die Existenz eines hellen Flecks im Schatten einer undurchsichtigen Scheibe, auf die Lichtwellen auftreffen. Unsere täglichen Beobachtungen von Schatten, die ein undurchsichtiges Objekt wirft, sprechen gegen die Tatsache, daß die Intensität oder Helligkeit einer Welle im tiefen Schatten einer Scheibe, wie Lord Rayleigh in seinem Buch „Theory of Sound" feststellt, „genau so groß ist, als ob überhaupt kein Hindernis vorhanden gewesen wäre". Es ist nicht leicht, diesen Effekt für Lichtwellen z. B. mit einer Münze darzustellen, da sehr kleine Wellenlängen verwendet wurden. In seinem Werk „Theory of Sound" hat Lord Rayleigh jedoch Methoden beschrieben, um die Existenz des hellen Flecks mit hochfrequenten Schallwellen nachzuweisen. Dabei benutzte er entweder das zu seiner Zeit vorhandene Schallhorchgerät, eine empfindliche Gasflamme, oder aber „das Ohr, ausgestattet mit einem Gummischlauch". Er beobachtete, daß „dieses Gebiet mit nichtwahrnehmbaren Schatten, obwohl nicht auf einen mathematischen Punkt entlang der Achse beschränkt, nur von kleiner Ausdehnung ist". Er stellte weiter fest, daß „es unmittelbar um den Mittelpunkt herum einen Ring fast vollständiger Stille gibt, an den sich dann ein Gebiet allmählichen Wiederentstehens des Effekts anschließt."

Eine sichtbare Darstellung des Schallwellenbildes wie es im Schatten einer undurchsichtigen runden Scheibe auftritt, zeigt Abb. 3.1. Mit Hilfe der Amplituden-Darstellungsmethode, die wir

Abb. 3.1. Das Amplitudenbild von Schallwellen im Schatten einer Scheibe zeigt deutlich eine helle Hauptstrahlungskeule

bereits in Kapitel 2 beschrieben haben, zeigt diese deutlich den hellen Fleck, ohne jedoch die Gründe für die Erscheinung zu erläutern.

Die zusätzliche Information, die wir aus einer sichtbaren Darstellung der Wellenbewegung in der Schattenzone entnehmen können, gibt uns weitere Einsicht in das Phänomen. Abb. 3.2 zeigt die Ausbreitung von Schallwellen im Schatten der Kante eines undurchsichtigen Schirms. Diese Messerkante verhält sich wie eine neue Quelle, die zylinderförmige Wellen erzeugt, die sich in die

Schattenzone hinein ausbreiten. Im oberen Teil des Bildes, wo die Wellen nicht von der Kante beeinflußt werden, pflanzen sie sich als parallele vertikale Wellenberge nach rechts hin fort. Erheblich schwächere zylindrische Wellen sieht man in der Schattenzone, wo sie sich, ausgehend von einer an der Kante verlaufenden Linie, nach unten hin ausbreiten.

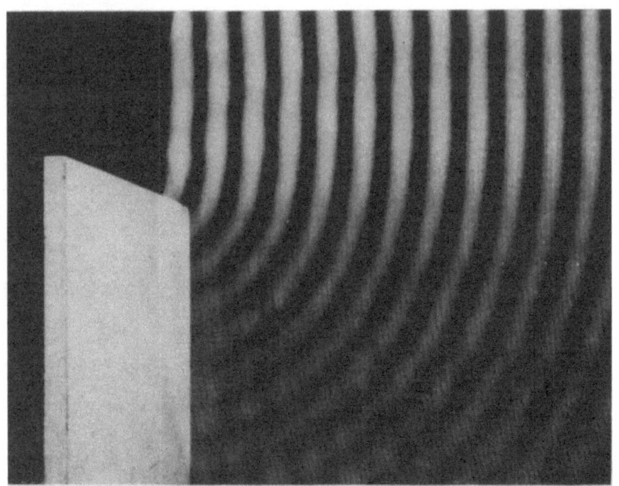

Abb. 3.2. Von links ankommende ebene Schallwellen breiten sich im oberen Teil des Bildes ungehindert aus. In der darunter liegenden Schattenzone werden kreisförmige Wellenfronten sichtbar, die durch den Beugungseffekt an der Kante des abschattenden Objekts hervorgerufen werden

Abb. 3.3 zeigt das Schallwellenbild hinter einer undurchsichtigen runden Scheibe. Kreisförmige Wellenfronten, die an den oberen und unteren Kanten entspringen, sind deutlich in der Schattenzone erkennbar. Es existieren somit Schallquellen sowohl am oberen, als auch am unteren Rand der Scheibe. Diese zwei Wellensysteme können nun in der Schattenzone interferieren. Tatsächlich existieren solche Schallquellen entlang dem gesamten Umfang der Scheibe. Da alle gleich weit von der Mittelachse entfernt sind, ist es verständlich, daß sich eine Energiekonzentration entlang der Achse bildet, die den hellen Fleck in Abb. 3.1 verursacht. Der

Mittelkegel aus hellen und dunklen Flecken wird von einer weiteren Folge heller und dunkler Gebiete umgeben. Durch den Abtastprozeß sind auf dem Foto nur die oberen und unteren Zonen dieses weiteren konischen Volumens zu sehen. Die kreisförmige Symmetrie deutet jedoch schon auf die Existenz eines vollständigen,

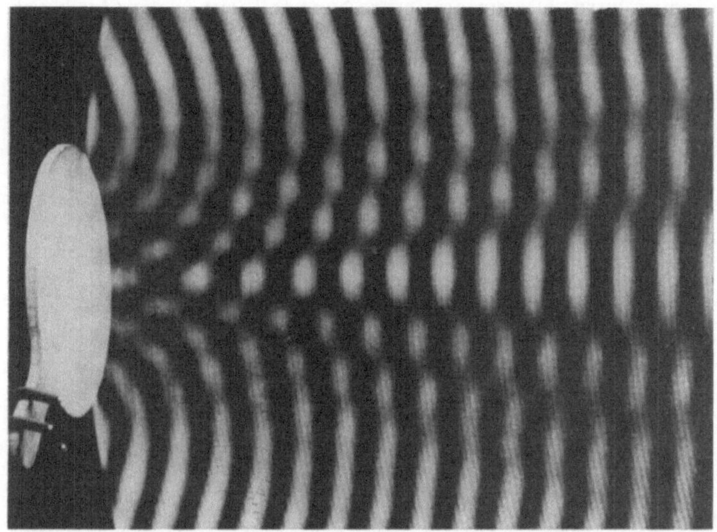

Abb. 3.3. Schallwellen, die an einer runden Scheibe gebeugt werden, interferieren in der Schattenzone und bilden ein zentrales Strahlenbündel von parallelen Wellenfronten. Dieses entspricht der weißen Strahlungskeule in Abb. 3.1

ringförmigen konischen Volumens von Schallenergie hin. Die Phase dieser Wellen ist entgegengesetzt zur Phase der Wellen der Zentralkeule. Die positiven Wellenberge (helle Flächen) dieser Anordnung treffen auf die negativen Wellentäler (dunkle Flächen) des zentralen Systems.

Um von einer positiven Phasenlage zu einer negativen zu gelangen, muß das Schallfeld zwischen diesen beiden Gebieten eine Nullstellung durchlaufen. Abb. 3.3 zeigt diese Nullschallfeldzone als zwei schwarze Linien ohne erkennbare weiße Fläche unmittelbar über und unter der Mittelkeule der Streifenbildung. Diese

Ruhezone entspricht Lord Rayleighs Ring absoluter Ruhe, der den Mittelpunkt umgibt, und die Gebiete negativer Phase stellen ein nach seiner Bezeichnung „allmähliches Wiederentstehen der Effekte" dar.

Auch die Wellenbrechung ist ein Wellenausbreitungseffekt, der durch die Sichtbarmachung der Wellenfortpflanzung leichter verständlich wird. Der einfachste Brechungsfall tritt in der Optik auf,

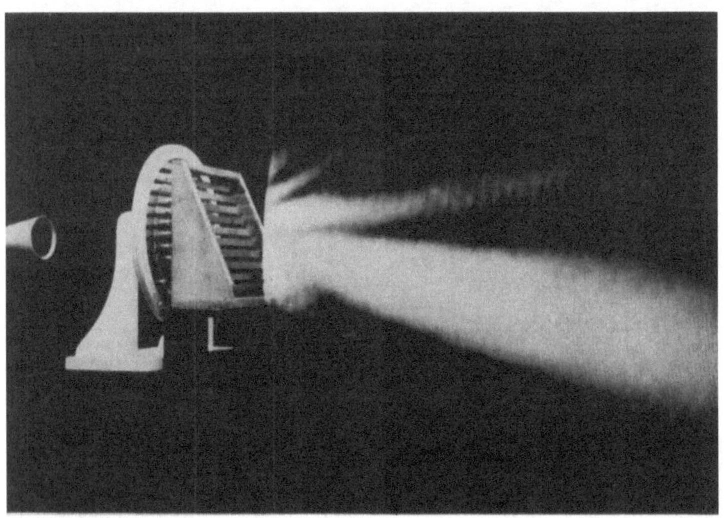

Abb. 3.4. Der durch eine akustische Linse fokussierte Schallwellenstrahl wird durch ein akustisches Prisma nach unten abgelenkt

wenn planparallele Wellen durch ein geschliffenes Stück Glas mit dreieckigem Querschnitt (d. h. ein Prisma) gebrochen werden. Die ursprünglich in einer bestimmten Richtung sich ausbreitenden parallelen Wellenfronten nehmen hinter dem Prisma eine andere Richtung ein. Da die Ausbreitungsgeschwindigkeit von Lichtwellen in Glas niedriger als in Luft ist, werden die Wellen, die durch den breiteren Teil des dreieckigen Prismas dringen, stärker verzögert als die, welche nur den schmaleren Teil passieren. Eine oft gebrauchte Analogie zur Erläuterung dieses Brechungseffekts ist eine Reihe marschierender Soldaten. Wenn die Soldaten an einem Ende der Reihe langsamer marschieren, wird die Vorwärtsbewegung in ihrer Richtung verändert.

Abb. 3.4 zeigt die Brechung von Schallwellen durch eine akustische Linse. Dieses Prisma besteht aus mit Abstand nebeneinander montierten Metallstreifen, welche die Geschwindigkeit der sie durchdringenden Schallwellen verringern. Als Schallquelle dient der kleine Trichter links im Bild. Eine ebenfalls aus Metallstreifen

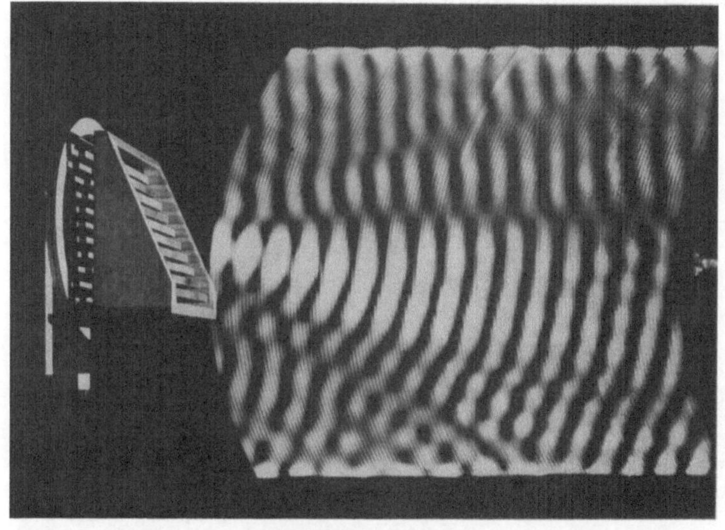

Abb. 3.5. Wellenbild der gebrochenen Schallenergie, wie sie in Abb. 3.4 dargestellt wurde

hergestellte akustische Linse verursacht eine Schallkonzentrierung, genau wie eine optische Linse Lichtwellen fokussiert oder konzentriert. Ohne das Prisma würde die Schallkonzentration in horizontaler Richtung erfolgen. Das Prisma jedoch bewirkt eine Neigung des Linsenstrahls nach unten. Bei der Darstellung der Schallwellenfronten, die das Prisma verlassen (Abb. 3.5), ist die Neigung der Wellenfrontenrichtung deutlich sichtbar.

Mit Hilfe der einfachen Prismenbrechung kann man die Bündelungseigenschaften einer Linse erklären, die auch auf einem Brechungseffekt beruhen: die Linse ändert den Verlauf der Wellen-

fronten, indem sie deren Geschwindigkeit verändert. Abb. 3.6 zeigt
kreisförmige Schallwellen, die von einem Trichter ausgehen. Beim
Passieren der Linse (die gleiche akustische Linse wie in Abb. 3.4)
werden sie umgelenkt und nach innen auf eine Bündelungszone zu
gekrümmt. Die Linse ist in der Mitte dick und am Rande dünn.
In einem vertikalen Querschnitt betrachtet man die obere Hälfte
als Prisma (gleich dem in Abb. 3.5), das den Schall in Richtung auf
die Bündelungszone nach unten lenkt, während die untere Hälfte
sich wie ein Prisma verhält, das den Schall nach oben in die Bündelungszone hin umlenkt. Abb. 3.6 macht den Umlenkungseffekt

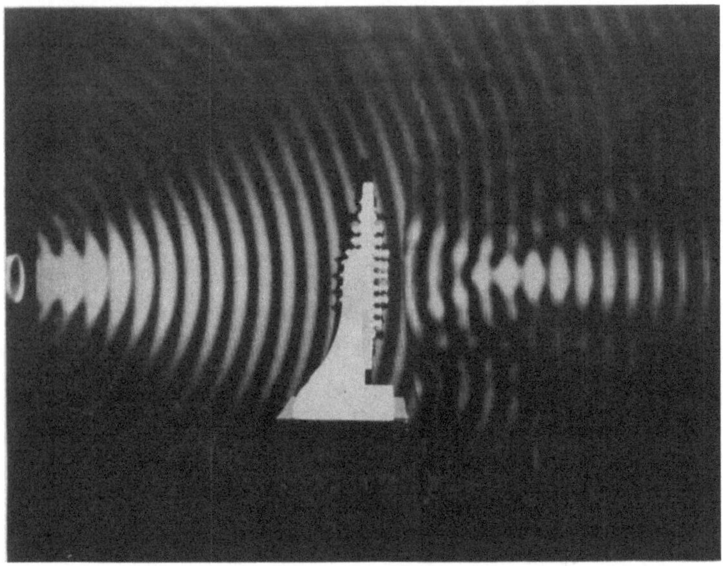

Abb. 3.6. Eine akustische Linse, in der die Phasengeschwindigkeit geringer als die im freien Raum ist, verlangsamt durch ihre konvexe Form
die Phase der Wellen, die sie durchdringen

deutlich: links von der Linse sind die Wellenfronten konvex und
breiten sich nach außen hin aus. Rechts von der Linse sind sie kon-
kav und die Energie wird im Brennpunkt konzentriert. Ganz
oben, wo die Wellen durch die Linse nicht beeinflußt werden, breiten sie sich kontinuierlich nach rechts außen hin aus.

Die Brechungseigenschaften der Metallstreifenlinse und des Prismas der Abb. 3.4, 3.5 und 3.6 beruhen auf dem Verzögerungseffekt der Elemente, welche die Wellengeschwindigkeit verringern.

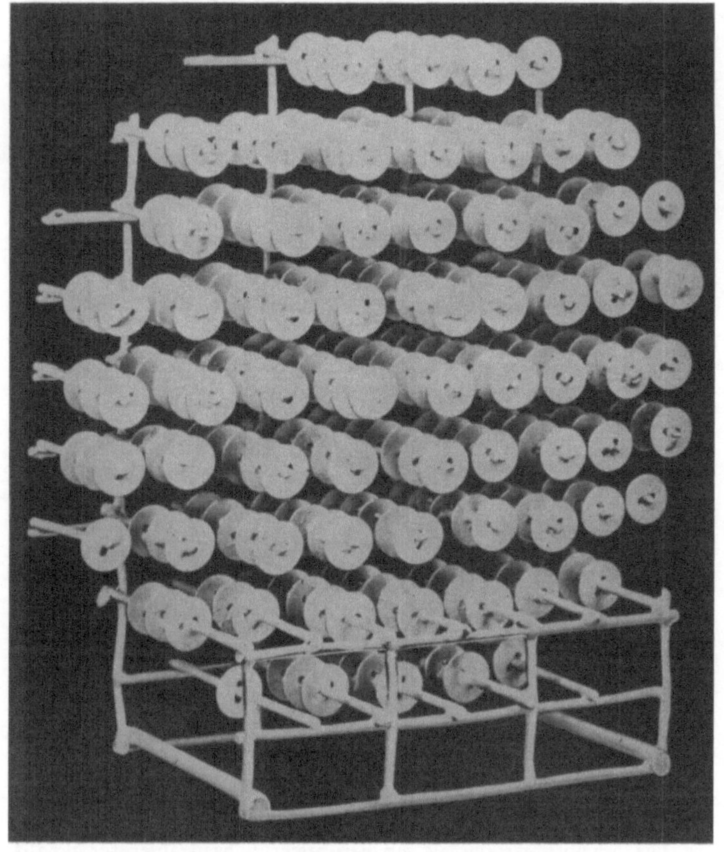

Abb. 3.7. Eine Linse für Schallwellen, die aus zahlreichen einzelnen Scheibenreihen besteht und insgesamt eine konvexe Form aufweist

Eine ähnliche Verminderung der Wellengeschwindigkeit kann auch durch eine Anordnung von Scheiben erreicht werden. Eine akustische Linse dieses Typs zeigt die Abb. 3.7. Ihr konvexer Quer-

schnitt erzeugt wiederum eine Konzentration von Schallwellen, wie
dies in Abb. 3.8 deutlich wird.

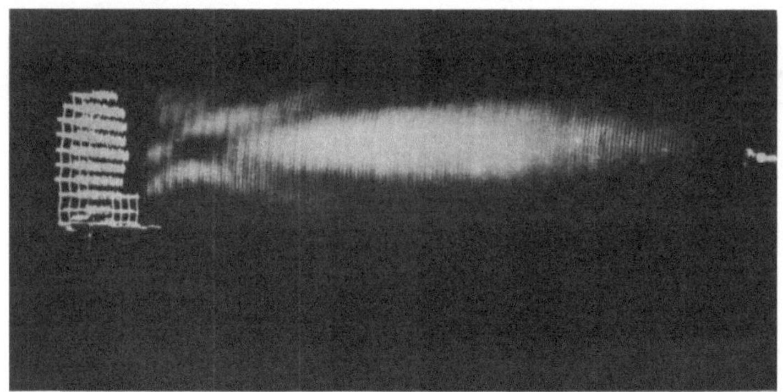

Abb. 3.8. Schallwellen, die von links durch die Linse aus Abb. 3.7 dringen, werden innerhalb der weißen Fläche auf der rechten Seite konzentriert (oder gebündelt)

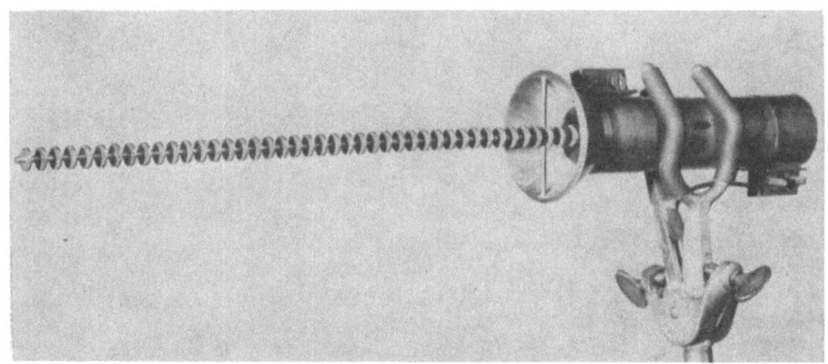

Abb. 3.9. Eine Reihe von Scheiben, wie sie auch in der Linse in Abb. 3.7
verwendet wurden, wird in den Ausgang eines kleinen Trichters montiert. Die Scheiben wirken als ein gerichteter Längsstrahler für Schallwellen

Bei Schallwellen entspricht jede Scheibenreihe in der Linse in
Abb. 3.7 einem stabähnlichen Stück Glas (oder dielektrischen Stab)
in einer Linse für Licht- oder elektromagnetische Wellen. Dielek-
trische Stäbe sind bekannt dafür, daß sie eine bestimmte Wirkung

auf elektromagnetische Wellen sehr kurzer Wellenlänge (d. h. Mikrowellen) ausüben. Mit ihrer Hilfe können Mikrowellen in eine bestimmte Richtung gelenkt werden und bei entsprechender Länge des Stabes von einem Punkt zu einem anderem Punkt geleitet werden. Es gibt sogar eine Theorie, daß die Stäbchen und Zäpfchen des menschlichen Auges die Lichtstrahlen aufgrund der Stabstruktur in ähnlicher Weise empfangen.

Die akustischen Scheiben-„stäbe", aus denen die Linse in Abb. 3.7 besteht, üben den gleichen Effekt auf Schallwellen aus. Ein mit Scheiben bestückter Stab, der in den Ausgang eines Trichterstrahlers montiert wird (Abb. 3.9), bewirkt eine Ausrichtung der Schallwellen beim Verlassen des Stabendes (Abb. 3.10).

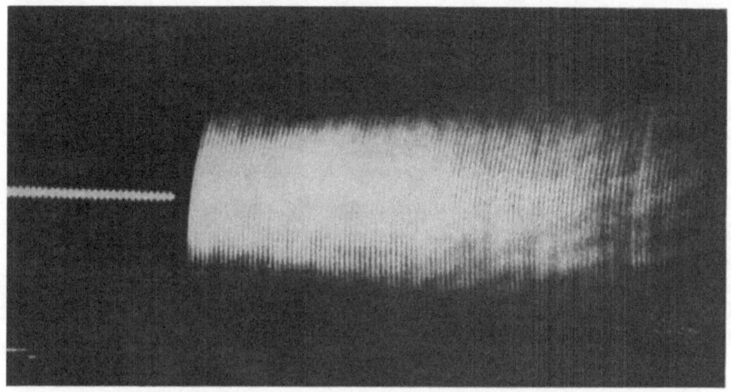

Abb. 3.10. Schallwellen werden durch den Strahler aus Abb. 3.9 parallel ausgerichtet

Die Gründe für diese Richtwirkung werden deutlich, wenn man das Wellenbild in Abb. 3.11 betrachtet. Die von dem Trichter links im Bild ausgehenden Wellen würden sich ohne den Stab in gekrümmten Wellenfronten ausbreiten (Abb. 3.6), ohne eine besondere Richtwirkung zu besitzen. Der Scheibenstab bewirkt eine Verminderung der Wellengeschwindigkeit in seiner unmittelbaren Umgebung, wie es auch bei der Linse in Abb. 3.7 zu sehen war. Die Wellenfronten sind daher auch ziemlich flach statt gekrümmt zu sein. Auf diese Weise wird die abgestrahlte Energie in horizontaler Richtung konzentriert.

Die Amplitudenverteilung in der Umgebung eines langaus-
gedehnten Scheibenstabes wird in Abb. 3.12 gezeigt. Links im Bild
ist der eingeschwungene Ausbreitungszustand zu erkennen. Die Un-

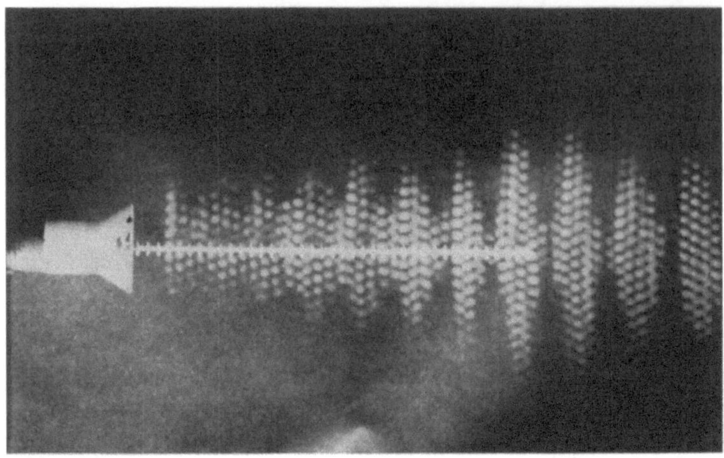

Abb. 3.11. Normalerweise breiten sich Wellen, die aus dem Trichter
links austreten, in kreisförmigen Wellenfronten aus. Die Reihe Scheiben
bewirkt eine Verlangsamung der Wellengeschwindigkeit in ihrer Nähe
im Vergleich zur Geschwindigkeit im freien Raum. Auf diese Weise
werden die gekrümmten Wellenfronten in ebene umgewandelt. Durch
diesen Längsstrahlerprozeß wird die Richtwirkung eines Strahlers mit
große Öffnung erreicht

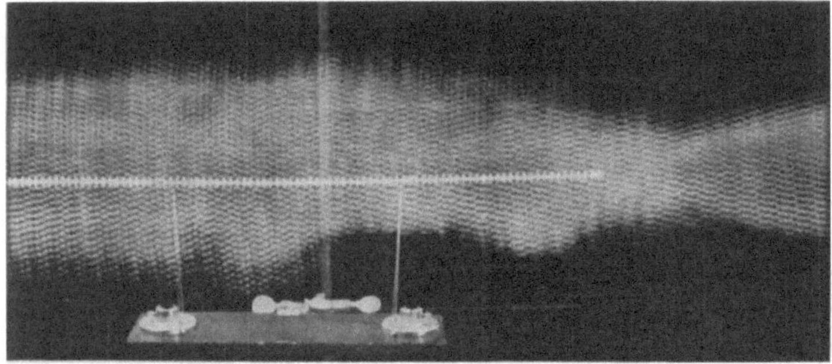

Abb. 3.12. Amplitudenverteilung in der Umgebung eines lang ausge-
streckten Scheibenstabes

stetigkeit rechts im Bild rührt vom Stababschluß her. Dieser verursacht Reflexionen, die wiederum die gleichmäßige Energieverteilung verändern.

Wenn man das Ende eines solchen Stabes zu einer Rundung krümmt wie in Abb. 3.13, folgt der größte Teil der Schallenergie der Krümmung der „Wellenleitung" und tritt am Ende aus. Dies

Abb. 3.13. Der größte Teil der Schallenergie, die von einer gekrümmten Scheibenübertragungsleitung geführt wird, tritt an deren Ende aus

wird durch das helle Gebiet rechts oben im Bild verdeutlicht. Die hellen Flächen rechts unten im Bild zeigen auch, daß ein Teil des Schalls aus der Wellenleitung ausbricht und sich entlang der ursprünglichen Linie des geraden Stabes (links außerhalb des Bildes) ausbreitet.

Abb. 2.8 zeigte das Schallbild von zwei übereinander montierten Schallerzeugern, die in Gegenphase abstrahlten. Die horizontale Mittelinie zwischen den beiden Strahlern hat eine Intensität gleich Null. Abb. 3.14 zeigt eine ähnliche Feldverteilung, die von zwei in Phase strahlenden Schallquellen erzeugt wird. Eine helle

Fläche entlang einer Linie zwischen den beiden Strahlern zeigt hier
den Effekt der verstärkenden Interferenz entlang dieser Linie an,
im Gegensatz zur abschwächenden Interferenz, wie wir sie in
Abb. 2.8 sahen.

Unmittelbar über und unter der hellen Fläche in Abb. 3.14 erscheinen zwei weitere helle Zonen. Man bezeichnet diese drei Flä-

Abb. 3.14. Zwei getrennte, aber in Phase strahlende Schallquellen verhalten sich wie zwei optische Schlitze, indem sie durch aufbauende und
abschwächende Interferenz dieses Beugungsmuster bilden

chen als Strahlungskeulen, wobei die mittlere als Hauptkeule, die
beiden anderen als Nebenkeulen oder -zipfel bezeichnet werden.
Das Wellenbild im Schatten der Scheibe weist ebenfalls Keulen auf.
Die Hauptkeule ist im Amplitudenbild in Abb. 3.1 deutlich erkennbar. Im Wellenbild der Abb. 3.3 sieht man, daß die Flächen
über und unter der Hauptkeule sich in einem Zustand der Gegenphase befinden. Diese negative Phasenlage — d. h. die Aufein-
anderfolge von hellen Streifen (oder Wellenbergen) mit den dunklen Streifen (Wellentälern) in der Mittelzone — ist typisch für
Strahlungskeulen. Die Phasen der aufeinanderfolgenden Zipfel

34

sind jeweils umgekehrt: Die Hauptkeule wird gewöhnlich als positiv betrachtet. Die unmittelbar danebenliegenden Keulen sind negativ, die weitere Serie von Nebenkeulen dann wieder positiv usw.

Abb. 3.15 zeigt eine Wellenfeldaufzeichnung, die von derselben Linse erzeugt wurde, mit der das Amplitudenbild in Abb. 2.7 her-

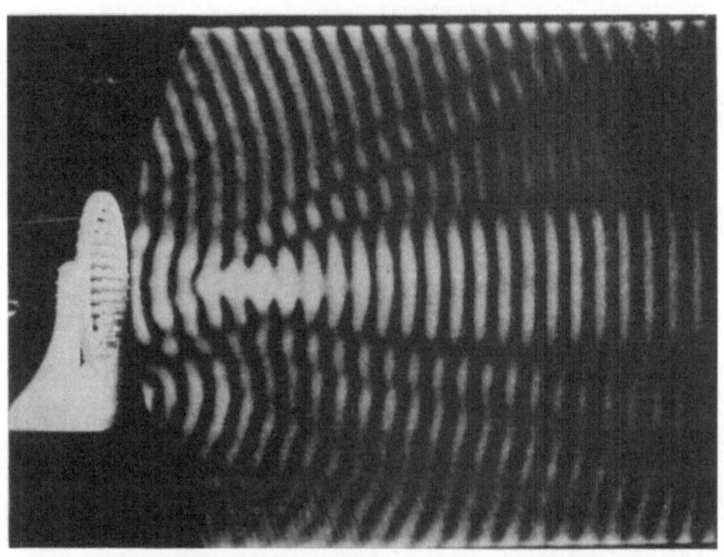

Abb. 3.15. Wenn Schallwellen hoher Intensität abgestrahlt werden, erscheinen einige Nebenkeulen. In diesem Bild werden die Phasen der Wellenfronten wiedergegeben. Deutlich sieht man, daß zwischen der Hauptkeule und den nachfolgenden Nebenkeulen Phasenumkehrungen auftreten

gestellt wurde. Für diese Aufzeichnung wurde das Wellenbild verstärkt und das Signal erheblich erhöht, um auch die Nebenkeulen mit geringerer Intensität noch deutlich sichtbar zu machen. Die ersten kleineren Nebenkeulen (die unmittelbar neben der Hauptstrahlungskeule liegen) weisen wieder eine negative relative Phasenlage auf (die hellen Flächen wechseln mit den dunklen Flächen der Hauptkeule ab). Die nächstfolgenden Nebenkeulen, die in unmittelbarer Umgebung der ersten Gruppe der kleineren Nebenkeulen liegen, sind positiv (d. h. sie haben die gleiche Phase wie die Hauptkeule).

Abb. 3.16 zeigt die Kurve eines theoretischen, von einer quadratischen Öffnung erzeugten Strahlungsbildes. Sowohl die Wellenamplitude als auch die Phase (ebene Wellenfronten) sind quer vor der Öffnung gleichförmig.

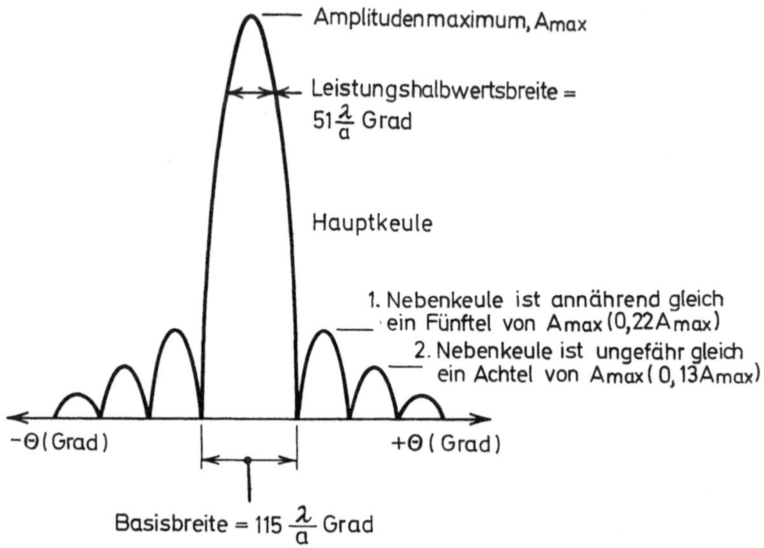

Abb. 3.16. Die berechnete Richtcharakteristik eines gleichmäßig erregten Schlitzstrahlers, welche die wirklichen Größen der Strahlbündelbreite und der Nebenkeulen zeigt (λ = Wellenlänge, a = Öffnung)

Die Zeichnung 3.16 zeigt einen nur zweidimensionalen Querschnitt eines eigentlich dreidimensional von der Linse erzeugten Schallwellenbildes. In Wirklichkeit sind die von der Linse in Abb. 3.5 erzeugten Strahlungskeulen ringförmig. Dies kann man verdeutlichen, wenn der Abtastmechanismus anstatt eine Ebene in

▷

Abb. 3.18. Nahfeldamplitudencharakteristik von Schallwellen, die von einer 30 Wellenlängen großen Öffnung abgestrahlt werden. Man sieht, daß der Strahl für eine gewisse Entfernung vor der Öffnung parallel ausgerichtet bleibt

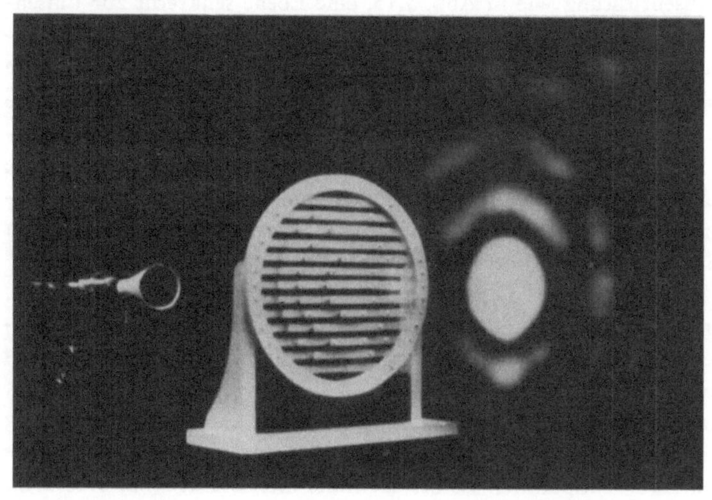

Abb. 3.17. Wenn man das Schallfeld in der Ebene senkrecht zur Wellenausbreitungsrichtung abtastet, entsteht ein Querschnittsbild der Haupt- und Nebenkeulen. Die Nebenkeulen sind als ringförmige Schallkegel sichtbar, welche die kräftige Hauptschallkeule umgeben

Achsenrichtung wie in Abb. 3.15, eine Ebene senkrecht zur Linsen-achse abtastet. Es entsteht dann das Bild von Abb. 3.17. Man erkennt, daß die Hauptstrahlungskeule im Querschnitt die erwartete Bleistiftform aufweist. Der sie umgebende, nicht ganz vollständige weiße Ring zeigt, daß die Gestalt der ersten Nebenkeule ringförmig ist. Der nächste noch weniger vollständige Ring stellt die nächst Nebenkeule dar. Die Phasenumkehrung zwischen aufeinanderfolgenden Keulen bewirkt, daß zwischen den hellen Flächen ringförmige, schalltote Kegel auftreten.

Diese bildliche Darstellung kann auch dazu dienen, zu zeigen, wie sich das Muster nahe der Öffnung mit zunehmender Entfernung der Wellenenergie von der Öffnung in ein Fernfeld-Strahlungsbild umwandelt. In Abb. 3.16 sahen wir das Fernfeldmuster, das entsteht, wenn das Nahfeld (d. h. die Amplitudenverteilung vor der Öffnung) gleichförmig ist. Aber das Muster zwischen diesen zwei Endpunkten ist oft ebenfalls interessant. Abb. 3.18 zeigt die Variationen des Wellenmusters sehr nahe an der Öffnung einer großen Schallquelle, die ebene Wellenfronten erzeugt.

4. Kapitel

Schallstruktur — sichtbar gemacht

Fast alle bisher behandelten Schallwellen hatten singuläre Frequenzen, d. h. sie waren in ihrer Gestalt recht einfach (Abb. 1.2). In Kapitel 1 stellten wir jedoch fest, daß Schall (in seiner Zusammensetzung) sehr komplex sein kann. Wir sahen, daß ein Schallereignis zahlreiche Oberwellen (Abb. 1.4) aufweisen oder aber Geräuschqualität (Abb. 1.5) besitzen kann. Schließlich kann sich der Schall mit der Zeit sehr schnell verändern. Eine Sichtbarmachung dieser Schallcharakteristika ist demzufolge sicher von großem Nutzen. Während wir bisher Raummuster von Schallwellen sahen, sollen in diesem Kapitel Schallstrukturmuster mit Hilfe der Sichtbarmachung beschrieben werden. Eine solche Darstellung bietet die Möglichkeit, die Tonkomplexität und zeitgebundenen Variationen eines bestimmten Schallereignisses sichtbar zu erkennen.

Zunächst stellen wir fest, daß die relativ einfache Darstellung von Schall in Kapitel 1 für Schallereignisse, die sich in der Zeit nicht verändern, durchaus zufriedenstellend ist. Als Beispiel diene der eingeschwungene Ton einer Orgelpfeife. Durch Anschlagen einer Taste entsteht ein Orgelton, der in seiner Qualität solange erhalten bleibt, bis die Taste losgelassen wird. Die Eigenschaften dieses Tons werden also wie in Kapitel 1 durch die Darstellung des Verhältnisses von Lautstärke und Frequenz ausreichend definiert.

Die meisten Schallereignisse dagegen verändern sich in der Zeit. Wenn man z. B. eine Klaviertaste anschlägt, verklingt der Ton recht bald und der Gehalt an Obertönen variiert stark in der Zeit, da einige Oberwellen schneller ausklingen als andere. Ebenso ändert sich ein Posaunenton in der Tonhöhe, wenn der Spieler den U-förmigen Zug der Posaune bewegt. Die Eigenschaften des Sprachschalls ändern sich sehr durchgreifend und schnell in der Zeit. Vokale z. B. besitzen eine Tonhöhe, die man während des Aussprechens variieren kann, genau wie die Qualität (oder der Gehalt an Obertönen) des Schalls sich ändern kann. Sprache kann schnell von einem stimmhaften Laut (Vokal) zu einem stimmlosen (Konsonant) wechseln. Es würde einer großen Anzahl einfacher Analysen, wie in Kapitel 1 angewendet, bedürfen, um eine genaue Darstellung dieser verschiedenen dynamischen Laute während ihrer gesamten Lebensdauer zu erreichen.

Deshalb benötigen wir eine andere Darstellungsmethode, die es erlaubt, Änderungen in Qualität und Tonhöhe im Augenblick des Erscheinens festzuhalten. Die wirkungsvollste Technik auf diesem Gebiet wurde von Ralph K. Potter und seinen Mitarbeitern bei den Bell Telephone Laboratorien entwickelt. Das Analysengerät wird Schallspektrograph genannt und seine Sprachanalysen-Aufzeichnungen sind Spektrogramme sichtbar gemachter Sprache. Das Hauptziel dieser Entwicklung war es, sichtbare Sprachschallanalysen zu erhalten, um zu einem tieferen Verständnis der Natur des Sprachschalls und der Probleme der Sprachübermittlung per Telefon zu gelangen. Die erfinderische Methode Potters erwies sich später als äußerst nützlich in zahlreichen anderen Anwendungsgebieten. Sein Schallspektrograph wird heute zur Darstellung von Unterwasserschall, Flugzeuglärm, Korrelationsschallmustern benutzt und dient sogar dazu, Signale zu identifizieren, die Personenbildern entsprechen.

Für seine Darstellung trug Potter den Faktor Zeit als horizontale Koordinate ein, die Frequenz als die andere, senkrecht aufgezeichnete Koordinate. In dieser Form würden die verschiedenen Obertöne der Abb. 1.4 entlang der senkrechten Koordinate erscheinen und nicht in der waagerechten. Die Lautstärke (oder Intensität) jeder Frequenzkomponente wird durch die Schwärzung der Markierung angezeigt.

Eine schematische Darstellung der Analyse zeigt Abb. 4.1. Der zu analysierende und darzustellende Schall wird zunächst auf einer Magnettrommel aufgezeichnet, die sich wie eine endlose Schleife eines Magnetbandes verhält, das man auf einem häuslichen Tonbandgerät verwendet. Das zu analysierende Signal wird dann viele Male hintereinander abgespielt, indem sich die Magnettrommel ständig dreht. Das Ausgangssignal wird durch ein frequenzveränderliches Filter geschickt. Nach jeder Drehung (d. h. nach jedem Passieren des Signals durch das Filter) wird die Frequenz des Filters je nach dem interessierenden Frequenzbereich verändert. Das

Ausgangssignal dieses frequenzvariablen Filters wird verstärkt und dann mit Hilfe eines Schreiberstichels auf ein Blatt eines elektrisch empfindlichen Papiers aufgezeichnet, das um eine zweite sich synchron drehende Trommel gewickelt ist. Während jeder Drehung markiert der Schreiber die variierende Amplitude eines schmalen Frequenzbereichs des durch das Filter hindurchtretenden Signals durch eine Linie verschiedener Schwärzung auf dem Papier. In dem Maße, wie das Filter in der Frequenz heraufgeht, bewegt sich der

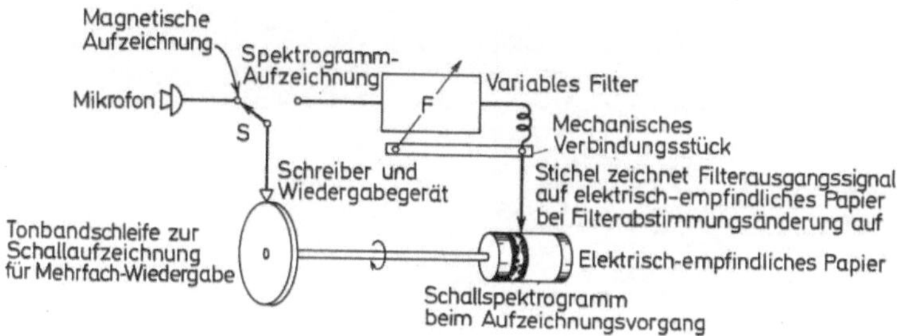

Abb. 4.1. Schematische Darstellung der Analysiermethode des Schallspektrographen von R. K. Potter

Schreiber synchron mit. Ist das Signal vom Filter stark, erscheint die Schreibermarkierung auf dem Papier dunkel, während sie bei einem schwachen Signal nur hellgrau oder gar nicht vorhanden ist.

Der Schallspektrograph ist also in der Lage, die Amplitude und die Frequenz eines Tons genau zu analysieren und sichtbar darzustellen. So wie ein Lichtfilter mit variablem Farbbereich die in einer Lichtquelle vorhandenen verschiedenen Farben unterscheidet, so zeigt das elektronische Filter mit variabler Frequenzeinstellung die „Farben" — das sind hier die Frequenzen — die in einem Ton enthalten sind. Gleichzeitig werden die Schwankungen in der Tonstärke jeder Frequenzkomponente innerhalb der Zeiteinheit erfaßt und dargestellt.

Abb. 4.2 zeigt ein Spektrogramm eines Tons, der in der Zeit variiert. Der hier untersuchte Ton entsteht durch das Anschlagen einer Klaviertaste. Im Moment des Anschlags (im Bild links), wird eine große Zahl von Oberwellen erzeugt. Diese sind alle Vielfache der niedrigsten (Grund-) Frequenz, die durch die unterste, verhältnismäßig dunkle Linie gekennzeichnet ist. Mit dem Ablauf der Zeit (im Bild von links nach rechts fortschreitend) werden die höheren Oberwellen zu schwach, um noch aufgezeichnet zu werden, während der Grundton und die tieferen Oberwellen noch andauern. Dies ist deutlich links im Bild zu sehen, wo die Markierungen sehr dunkel sind — ein Zeichen dafür, daß der Ton ursprünglich ziemlich laut war. Mit Ablauf der Zeit klingen die Töne aus und die Markierungen wandern durch alle Grauschattierungen und werden

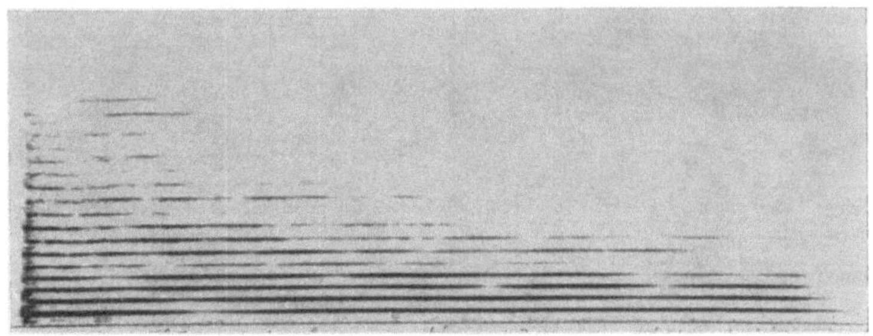

Abb. 4.2. Analyse des Tons, der beim Anschlagen einer Klaviertaste erzeugt wird. Die Amplituden der Grundfrequenz und ihrer Oberwellen variieren hier in der Zeit

immer heller. Der Klang des Hammeranschlags zu Beginn der Aufzeichnung zeigt Geräuschcharakter: zu diesem Zeitpunkt erstrecken sich die grauen Zonen über die gesamte Frequenzbreite.

Ein weiteres Beispiel für einen zeitlich veränderlichen Schall zeigt Abb. 4.3. Wir sehen die Analyse eines Tons ohne Obertöne und von konstanter Lautstärke, dessen Tonhöhe nach oben und unten schwankt. Dies ist die Analyse eines Tons, der von einem Lautsprecher abgestrahlt wird, der wiederum an einem Oszillator angeschlossen ist, dessen Tonhöhe (oder Frequenz) erhöht oder erniedrigt wird. Dieser Tonhöhenwechsel entspricht einem in der Höhe schwankenden Posaunenton, der von einem Spieler durch Vor- und Zurückschieben des Posaunenzugs erzeugt wird.

Die nächsten Spektrogramme sind Aufzeichnungen von geräuschartigen Schallereignissen. Ein Kanonenknall umfaßt ein breites Geräuschspektrum. Im Freien abgefeuert, dauert er nur sehr kurz an. Wird er jedoch in einem Saal abgefeuert, hallt der Knall

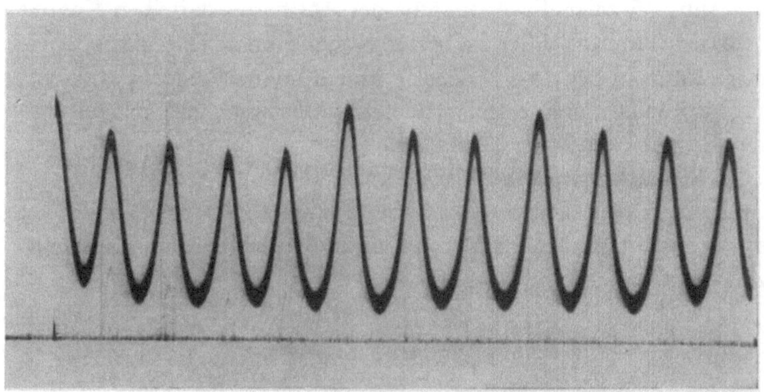

Abb. 4.3. Analyse eines Tons, dessen Frequenz (oder Tonhöhe) mit der Zeit variiert

gewöhnlich für eine ganze Weile nach. Abb. 4.4 zeigt einen Schall, der einer im Freien abgefeuerten Platzpatrone vergleichbar ist. Für diesen Versuch wurde eine Spielzeugkanone in einem schalltoten Raum abgefeuert — einem Raum mit Wänden, die den Schall sehr stark absorbieren und dadurch eine Reflexion ausschließen. Das Spektrogramm zeigt, daß dieser Schall den gesamten Frequenzbereich umfaßt (im Bild: er umfaßt die ganze vertikale Skala), aber nur eine ganz kurze Zeit andauert (im Bild: schmale Markierung).

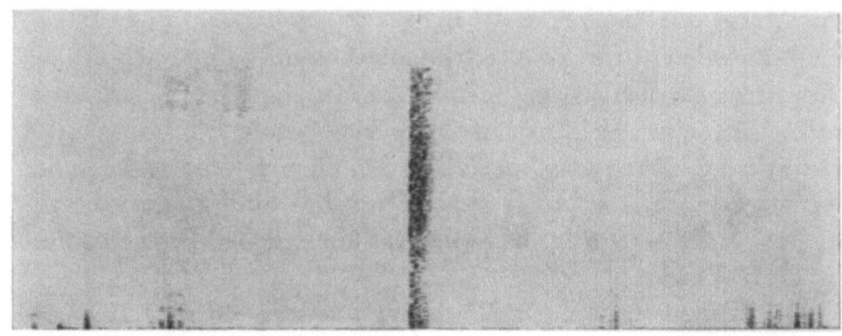

Abb. 4.4. Analyse des Geräusches, das durch Abfeuern einer Kanone entsteht. Da diese Aufzeichnung in einem reflexionsfreien Raum erstellt wurde, ist der Schall, der nicht nachhallt, nur von kurzer Dauer

Abb. 4.5 zeigt die Aufnahme des Abschusses derselben Kanone in einem Hörsaal. Hier hallt der Kanonenknall eine ganze Weile nach. Obwohl der Schall immer noch ein breites Frequenzband umfaßt, so dauern einige seiner Gebiete (d. h. Schall, der in bestimmten Gebieten dieses Frequenzbandes auftritt) länger an als andere. Diese Schallereignisse bezeichnet man als länger nachhallend und die Zeit, die ein Ton in einem Raum nachhallt, bevor er auf $^1/_{1000}$ seiner ursprünglichen Lautstärke abfällt, nennt man die Nachhallzeit eines Raumes.

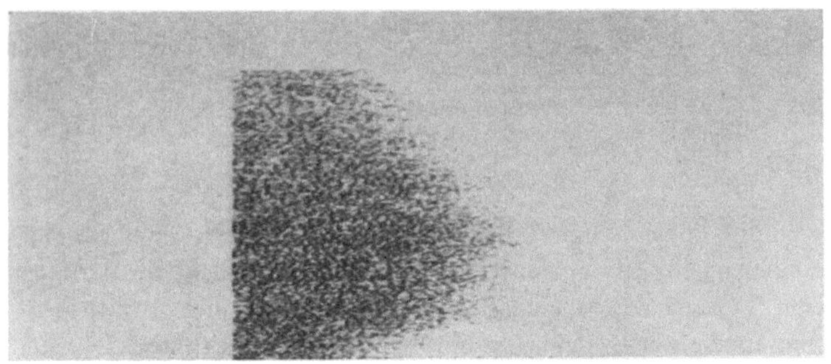

Abb. 4.5. Darstellung des Schalls aus Abb. 4.4, diesmal in einem Hörsaal aufgenommen. Nachhall verlängert die Dauer des Tons, wobei die Größenordnung der zeitlichen Dauer frequenzabhängig ist

Die Nachhallzeit ist ein wichtiges Maß für die Beurteilung der akustischen Qualitäten eines Raumes in bezug auf die Wiedergabe von Musik oder Sprachschall. Lange Zeit galt es als ausreichend, die Nachhallzeit für *eine* bestimmte Frequenz festzulegen. Die Normfrequenz hierfür wurde mit 512 Hz angesetzt. — Das entspricht ungefähr der Frequenz der Klaviernote C'. Gelegentlich wird diese Ein-Frequenz-Spezifikation noch angewendet; wenn der Begriff „Nachhallzeit" ohne nähere Angaben über Frequenzen gebraucht wird, so ist allgemein die Nachhallzeit bei dieser 512 Hz-Frequenz gemeint.

Die Bemessung der Nachhallzeit in bezug auf eine Frequenz wäre aber nur dann korrekt, wenn die Wirksamkeit der Schallabsorption durch die Raumwände für den interessierenden Frequenzbereich ganz einheitlich wären. Im allgemeinen gibt es diese

Gleichförmigkeit aber nicht. Ein Raum mit geputzten Wänden könnte z. B. bei 512 Hz die zufriedenstellende Nachhallzeit von 1,2 sec aufweisen, bei 128 Hz jedoch eine Nachhallzeit von 7,2 sec und bei 2048 Hz 0,6 sec. Ein solcher Raum hätte zu wenig Absorption für die Baßnoten in der Musik, die demzufolge dröhnend und deshalb störend klängen und zuviel Absorption für hohe Frequenzen von Sprachlauten. In der Aufzeichnung der Abb. 4.5 stellen wir fest, daß Töne in einzelnen Frequenzbereichen viel länger nachhallen als andere; demzufolge schwankt die Nachhallzeit dieses Raumes beträchtlich mit der Frequenz. Auf diese Weise ist man in der Lage, durch Schallspektrogramme die Nachhallcharakteristika eines Raumes bei allen in Frage kommenden Frequenzen zu ermitteln.

Wenn man dieselbe Kanone in einem stark nachhallenden Flur abfeuert, der nicht akustisch aufbereitet wurde, hallt der Schall für eine sehr lange Zeit nach (Abb. 4.6). Wie bei dem Beispiel in dem Hörsaal ist die Nachhallzeit frequenzabhängig.

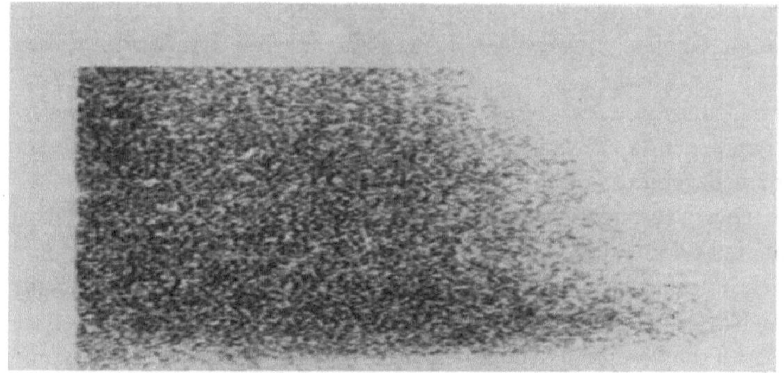

Abb. 4.6. Darstellung des Vorgangs aus Abb. 4.4, der diesmal in einem stark nachhallenden Flur abläuft

Wir haben schon festgestellt, daß der Schallspektrograph ursprünglich zur Sprachanalyse entwickelt wurde, um mit seiner Hilfe wichtige Sprachcharakteristika „sichtbar" zu machen. Dabei ist es oft wichtiger, die Lage der bedeutsamen breiten Frequenzgebiete zu erkennen, als Informationen über eine schmale Frequenzanalyse zu erhalten (d. h. die Lage und Lautstärke einzelner Obertöne zu erforschen). Deshalb werden bei der Sprachschallspektrographie immer zwei Filterbandbreiten benutzt. Eine Filterbandbreite umfaßt ein ziemlich breites Frequenzband; in der Tat unterdrückt es die Information über die Lage und Lautstärke der individuellen Sprachobertöne und grenzt dafür die starken breiten Frequenzgebiete ab, die bei einer Sprachanalyse wichtig sind. Wegen seiner großen Bandbreite spricht dieses Filter auch schneller an als ein schmaleres, und die plötzlichen Starts, Stopps und Wechsel in der Sprache werden deutlicher sichtbar.

Abb. 4.7 zeigt, wie der Gebrauch des breiten Filters bei der Sprachanalyse nützlich ist. Die Spektrogramme stellen sechs verschiedene Vokallaute dar. Sie sind alle stimmhafte Laute, was bedeutet, daß sie mit den Stimmbändern als Töne erzeugt werden, die eine Grundfrequenz und zahlreiche Obertöne aufweisen.

Eine Schmalbandfilteranalyse würde dagegen die harmonische Struktur von Vokalen nachweisen, in der die zahlreichen individuellen Obertöne als Vielfache der Grundfrequenz des Stimmbandtones aufgezeigt werden. Das breite Filter, das in Abb. 4.7 benutzt wird, kann nicht die einzelnen Obertöne auflösen; es zeigt nur die lauten Gebiete auf der Frequenzskala an. Die Lautstärke dieser Frequenzbereiche wird durch Resonanzen im menschlichen Rachen- und Mundraum verursacht — eine den physikalischen Strukturen innewohnende Eigenschaft. Obertöne, die in diese Resonanzfrequenzgebiete fallen, sind lauter als andere.

Diese Resonanzen werden abwechselnd Stimmresonanzen, Formanten oder Takte genannt. Sprachanalytiker haben bewiesen, daß diese Formanten oder Takte wichtige Anhaltspunkte für den Klang einer Stimme ergeben. Unsere Art des Verstehens, welche Töne und Wörter von verschiedenen Personen hervorgebracht werden, kann so bei stimmhaften Lauten eng mit der Position der Formanten dieses Lauts in der Frequenzskala zusammenhängen. Abb. 4.7 zeigt, wie die Formanten verschiedener stimmhafter Laute in der vertikalen Frequenzskala verschiedene Positionen einnehmen.

Das Spektrogramm ganz links in Abb. 4.7 zeigt den Ton i (langgedehnt, wie im englischen eve [i:v]). Nach rechts fortschreitend ändert sich der Ton zu einem kurzen i (englisch it [it]), dann zu ei (englisch hate [heit]) usw. Deutlich ist die Lageveränderung aller Formanten zu erkennen.

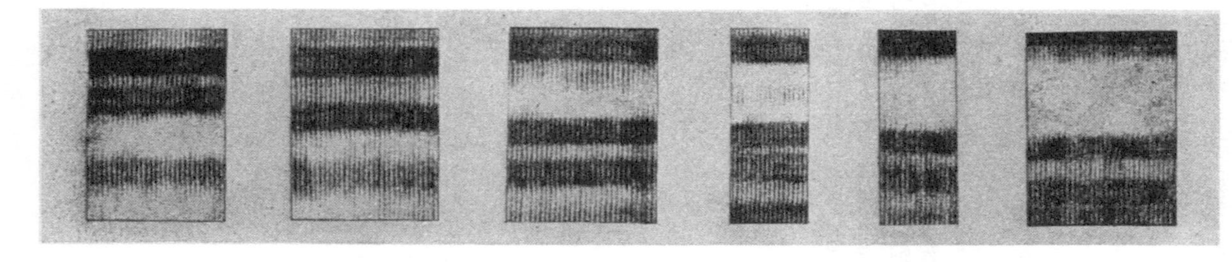

Abb. 4.7. Spektrogramme gesprochener Vokallaute. Vor den Wörtern (die das Schallereignis kennzeichnen) stehen phonetische Symbole, die dem vorliegenden Schallereignis entsprechen, wie z. B. das ee in „eve" [i:v] (dargestellt durch das Symbol i)

Die Bewegung der zwei frequenzmäßig niedrigsten Formanten in dieser Serie ist recht interessant. Der niedrigere dieser beiden bewegt sich in seiner Frequenz zunächst aufwärts, während der höhere nach unten hin tendiert. Jedoch bewegen sich beide im Spektrogramm ganz rechts zusammen abwärts. Die Position dieser zwei Formanten in der Frequenzskala gibt also einen entscheidenden Hinweis auf die Identität eines bestimmten Vokals. Außerdem bleibt der Formant, da er durch eine bestimmte Kiefer- und Zungenstellung bestimmt ist, fest in seiner Frequenzlage, obwohl die Tonhöhe des Vokals (bestimmt durch die Stimmbänder) sich ändern kann. Ein Breitbandfrequenzfilter unterdrückt so die unerwünschte, individuelle harmonische Information und macht unabhängig von der Tonhöhe die wichtigere Formantenstellung in der Frequenzskala deutlich.

5. Kapitel

Schallbilder von Sprachlauten

Die sichtbaren Sprachbilder in Abb. 4.7 sind Aufzeichnungen eines gleichförmigen Vokaltones — eines Tons nämlich, der sich im Laufe der Aufzeichnung nicht verändert. Ein wertvoller Teil der Sprachsichtbarmachungsmethode zur Darstellung der Struktur einer Sprache ist die bildliche Aufzeichnung der zeitlichen Änderungen, die beim gesprochenen Wort ständig auftreten. Wir wollen daher jetzt die wichtigeren Übergangslaute des Sprachschalls betrachten.

Bildliche Darstellung von Sprachlauten

Stimmhafte und stimmlose Reibelaute: Der zischende Sprachlaut, wie z. B. das s [s] in „sister" [sistə] und das sh [ʃ] in „she" [ʃi:] wird Zisch- oder Reibelaut genannt (diese Bezeichnung schildert lautmalerisch den Durchtritt der Atemluft beim Sprechen durch den Rachen- und Mundraum). Beim sh [ʃ] in „she" [ʃi:] sind die Stimmbänder in Ruhestellung; deshalb nennt man diesen Laut einen stimmlosen Reibedauerlaut. Man kann denselben Reibelaut aber auch unter Mitwirkung der Stimmbänder aussprechen. Er klingt dann wie das z [ʒ] in „azure" [ˈæʒə] und wird stimmhafter Reibedauerlaut genannt. Die gleiche Veränderung kann man mit dem s [s] in „sister" [sistə] (ebenfalls ein stimmloser Reibedauerlaut) vornehmen. Wenn der Stimmbänderton hinzukommt, wie z. B. bei z in „zoo" [zu:], entsteht wiederum ein stimmhafter Reibedauerlaut.

Die Charakteristika dieser zwei Laute werden in Spektrogrammen der Abb. 5.1 sichtbar gemacht. Oben ist die Analyse des Wortes „sue" [su:] zu sehen, bestehend aus dem stimmlosen s [s] und dem stimmhaften Vokal oo [u:]. Pfeile zeigen die typischsten Stellen für jeden der beiden Laute an; zwischen den Pfeilen liegt die Übergangszone zwischen den beiden Lauten. Der zischende Laut des stimmlosen s [s] ist einem Geräusch ähnlich (nicht periodischer Vorgang) und sein Spektrum erstreckt sich über die gesamte sichtbar gemachte Frequenzskala. Wenn der Ton zum oo [u:] überwechselt, werden die charakteristischen „Streifen" oder Reso-

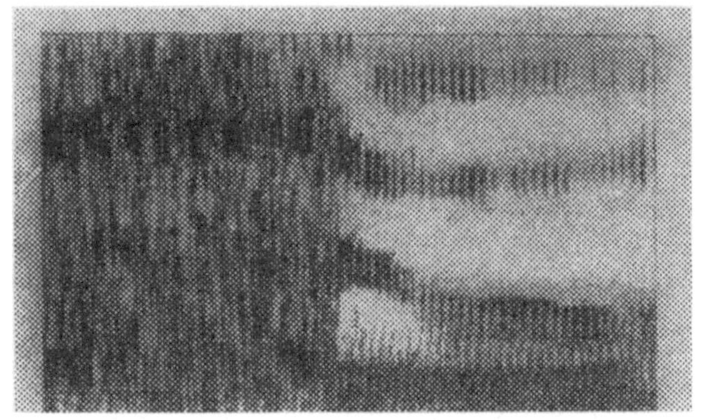

a

sue [su:]

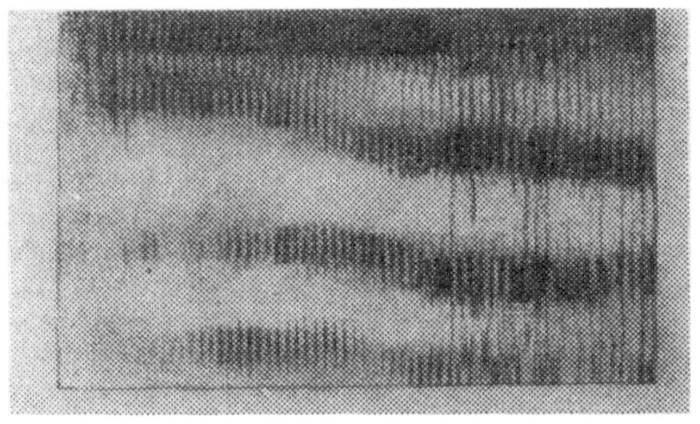

b

zoo [zu:]

Abb. 5.1. Spektrogramme der Wörter „sue" [su:] und „zoo" [zu:]

nanzen eines Vokallautes sichtbar (vergleiche auch Kapitel 4). Der geräuschähnliche Laut wird durch einen stimmhaften Laut ersetzt. Für einen kurzen Zeitraum folgt dem stimmlosen s-Laut ein Kombinationslaut, der sowohl Resonanzstreifen als auch die Breitband-

50

frequenzcharakteristika des s-Lautes aufweist. Dieser Breitbandanteil verschwindet schließlich in dem Maße, wie der reine stimmhafte oo-[u:]-Laut rechts im Bild entsteht.

Das untere Bild in Abb. 5.1 zeigt den (stimmhaften) Stimmbandlaut in „zoo" [zu:]. Der stimmhafte Laut, zusammen mit den ihn begleitenden Resonanzen, ist durchgehend in beiden Lauten (z und oo [u:]) sichtbar, ebenso natürlich auch in der Übergangszone zwischen ihnen. Der Laut „z" [z] beinhaltet sowohl die geräuschähnliche Breitbandfrequenzkomponente des stimmlosen s [s], wie wir sie in der Analyse des Wortes „sue" [su:] im oberen Bildteil sahen, als auch die Resonanzen eines stimmhaften Lautes. Dies Breitbandcharakteristikum verschwindet, wenn sich der Laut zum reinen stimmhaften Laut oo [u:] rechts im Bild ausbildet.

Verschlußlaute: Das Wort „Dauer" in „stimmhafter oder stimmloser Reibedauerlaut" deutet den Unterschied an zwischen Sprachlauten, die andauern und solchen, die zu ihrer Entstehung ein abruptes Ende brauchen. Diese werden Verschlußlaute genannt; sie werden durch eine vollständige Unterbrechung des Atemflusses gebildet. Diese Unterbrechung kann an verschiedenen Stellen des Mund- und Rachenraumes geschehen, z. B. tief im Rachen, im Mund oder an den Lippen.

Abb. 5.2 zeigt als Beispiel für die Darstellung eines Verschlußlautes eine Analyse des Wortes „bob" [bɔb]. Da zur Bildung der beiden b-Laute der Atem total unterbrochen wird, zeigt das Bild in der oberen Hälfte einen leeren Raum, d. h. daß keine hochfrequenten Laute aus Mund (oder Nase) austreten. Ähnlich verhält es sich mit anderen Lauten, z. B. ck in „back" [bæk], t in „hit" [hit] und p in „up" [ʌp].

Diphthonge (Doppelvokale): Ein Diphthong besteht aus zwei hintereinandergesprochenen Vokalen. Abb. 5.3 zeigt eine Analyse des Wortes „boy" [bɔi], wobei dem Diphthong oy [ɔi] der Verschlußkonsonant b vorausgeht. Der Vokallaut wechselt schnell von „oh" [o:] zu „ee" [i:] und bildet dann den Diphthong „oy" [ɔi]. In Abb. 5.2 sahen wir schon die leere Fläche des Verschlußlautes b im Wort „bob" [bɔb], die plötzlich überwechselt in ein Bild mit den typischen Resonanzcharakteristika eines Vokals. In diesem Fall (Abb. 5.3) jedoch zeigt sich, wie die Resonanzen im Laufe des Lautes langsam und allmählich neue Positionen (Frequenzen) ein-

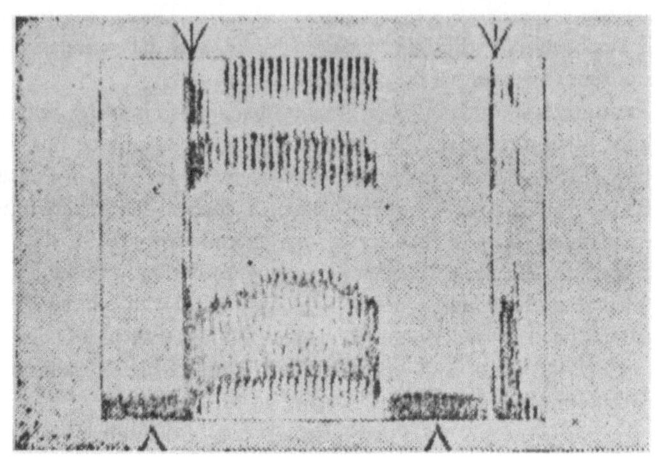

bob [bɔb]

Abb. 5.2. Spektrogramm des Wortes „bob" [bɔb]

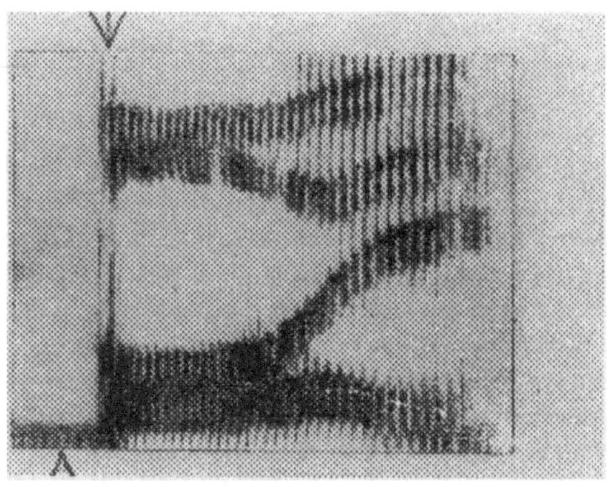

boy [bɔi]

Abb. 5.3. Spektrogramm des Wortes „boy" [bɔi]

nehmen, wie es für einen Diphthong charakteristisch ist. Deutlich sieht man den Übergang von der oh-[o:]-Phase zur ee-[i:]-Phase im Verlaufe der Übergangsperiode.

Der Laut „ee" [i:] kann zur Bildung eines Diphthongs auch mit dem Vokal „oo" [u:] kombiniert werden, wie Abb. 5.4 zeigt. Der Laut „oo" (phonetisch gekennzeichnet durch ein „u") erscheint im linken Bildteil. Rechts sieht man den Übergang von ee [i:] zum oo [u:] wie in dem Wort „you" [ju:], das im rechten Bildteil ge-

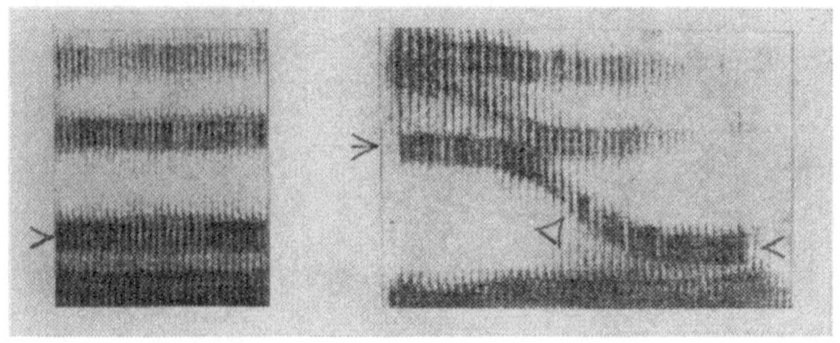

Abb. 5.4. Spektrogramme der Laute oo (phonetisch u) im Wort „you" und des vollständigen Wortes „you" [ju:]

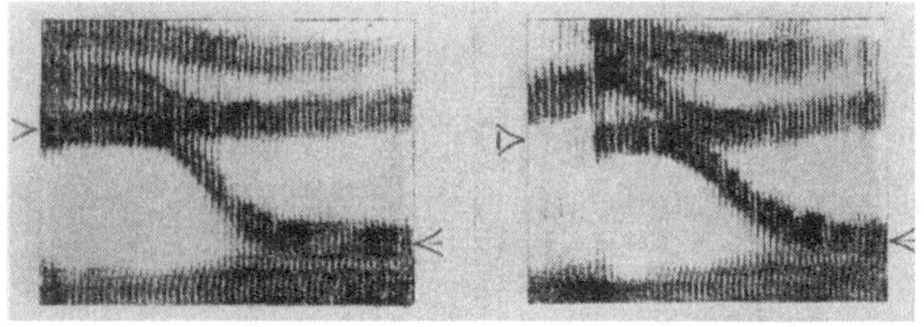

Abb. 5.5. Spektrogramme des Diphthongs ee[i]-oo[u] (angezeigt durch das phonetische Symbol ju im Wort „new") und des vollständigen Wortes „new" [nju:]

zeigt wird. Im Gegensatz zu den aufsteigenden Frequenzbildern von „boy" [bɔi] in Abb. 5.3, erscheinen hier die Resonanzfrequenzen in einer Abwärtsrichtung.

Abb. 5.5 stellt den gleichen Diphthong auf dem linken Bild noch einmal allein dar; rechts sehen wir ihn mit einem vorausgehenden n in dem Wort „new" [nju:]. Der Konsonant n ist stimmhaft, wie aus dem Balkenresonanzmuster zu erkennen ist. Der Wechsel zum reinen stimmhaften ee [i:] erfolgt plötzlich; danach sehen wir den langsameren Übergang vom ee [i:] zum oo [u:] zur Bildung des Diphthongs.

Wenn man die Vokale des Diphthongs ee-oo [i:-u:] in der Reihenfolge umkehrt, entsteht ein neuer Diphthong, wie beispielsweise in dem Wort „we" [wi:]. Abb. 5.6 zeigt im linken Bild den

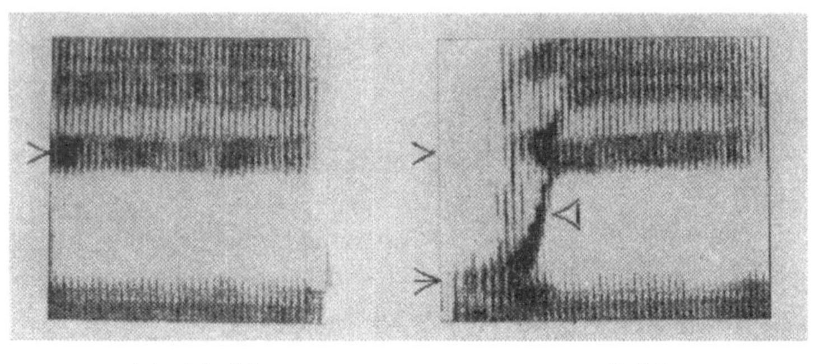

i (we) [wi:]   we [wi:]

Abb. 5.6. Spektrogramme des Lautes ee (angedeutet durch das phonetische Symbol i) in „we" und des vollständigen Wortes „we" [wi:]

Endlaut ee [i:] und im rechten Bild den Diphthong oo-ee [u:-i:], der dem Wort „we" [wi:] entspricht. Das langsame allmähliche Hinübergleiten in die Resonanzlagen ist wieder deutlich zu erkennen.

Bildliche Darstellung synthetischer Sprachlaute

In den vergangenen Jahren hat man viel Energie in die Methodenforschung zur Erzeugung synthetischer Sprache investiert. Man kann von der Tatsache ausgehen, daß ein Übertragungssystem (z. B. ein Telefonnetz) zur befriedigenden Übermittlung von verständlicher Sprache und erkennbaren Sprecherstimmen einen Frequenzgang aufweisen muß, der es ermöglicht, Signale des Frequenzbereiches zwischen 300 und 3500 Hz ohne Verzerrung zu übertragen. (Für eine ganz getreue Wiedergabe sollte die Bandbreite zwischen 100 und 12 000 bis 15 000 Hz liegen.) Andererseits ist bekannt, daß die Bandbreite des Telefons erheblich größer ist, als zur Übermittlung des Informationsinhalts eines Sprachsignals nötig wäre. Folglich kann man mit einem Übertragungskanal, der eine viel schmalere Bandbreite aufweist, immer noch annehmbare Resultate erzielen, wenn man die Sprache am Senderausgang verschlüsselt und am Empfangsort wieder rekonstruiert.

Der Vocoder: Eine der erfolgreichsten Methoden zur Verschlüsselung der Sprache wird Vocoder genannt, ein Gerät, an dessen Entwicklung vornehmlich Homer Dudley und seine Mitarbeiter in den Bell Telephone Laboratories beteiligt waren. Da sie die wichtigsten Sprachcharakteristika anschaulich darstellen, werden die in diesem Kapitel besprochenen Darstellungsmethoden der menschlichen Stimme oft benutzt, um aufzuzeigen, wie gut der Vocoder oder jedes andere Gerät für die Sprachsynthese ursprüngliche Sprachelaute wieder rekonstruieren kann.

Abb. 5.7 zeigt die Darstellung des Satzes „this is the news" [ðis is ðə nju:z]. Der obere Bildteil gibt die Analyse der Originalsprache wieder, der untere Teil eine Vocoder-Nachbildung des Satzes. Wie die große Ähnlichkeit der beiden Sichtspektrogramme vermuten läßt, klingen beide Versionen annähernd gleich. Die verschlüsselte Sprache jedoch bietet die Möglichkeit, sie über ein Übertragungsnetzwerk mit viel schmalerer Bandbreite zu übermitteln. Der bei diesem Versuch benutzte Vocoder weist einige Verbesserungen auf, die R. L. Miller von den Bell Telephone Laboratories als Erster angeregt hat.

Der Vobanc: Die Methode, genannt der Vobanc [vo:bænk], dient zur Sprachübermittlung über ein Übertragungssystem, dessen Bandbreite geringer als die normalerweise verwendete ist. Sie wurde von Bruce P. Bogert von den Bell Telephone Laboratories entwickelt. Abb. 5.8 zeigt die bei dieser Technik verwendete Methode.

Die ursprünglichen Sprachlaute (links im Bild 5.8) durchlaufen drei parallelgeschaltete Filter, wobei die Ausgangsfrequenzen jedes dieser Filter halbiert werden. Das ursprüngliche 3600 Hz-Band wird insgesamt also auf 1800 Hz herabgesetzt. Das schmalere Band wird so auf 1800 Hz reduziert. Diese Schmalbandsprachlaute wer-

den dann über ein schmalbandiges System übertragen (eine Analyse
davon ist in der unteren Bildmitte zu sehen). Am Empfangsort
werden wieder drei Filter dazu benutzt, die Ausgangssignale diesmal in der Frequenz zu verdoppeln. Da die sichtbare Sprachanalyse

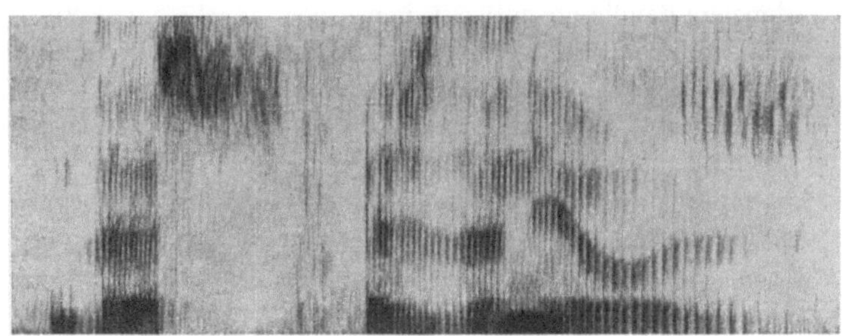

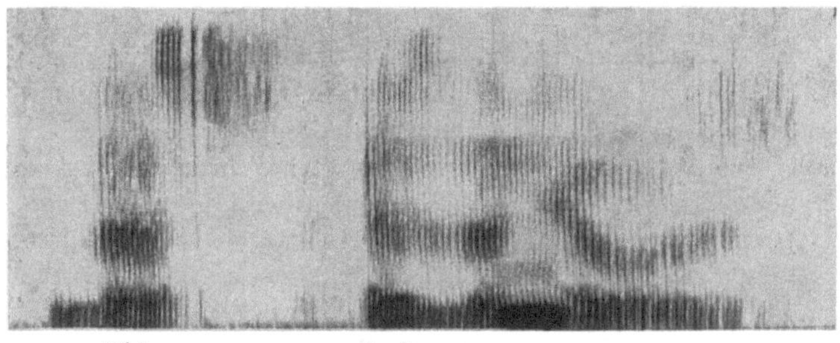

Abb. 5.7. Spektrogramme des Satzes: „This is the news". Oben: Originalsprache; unten Vocoder-Nachbildung

unten rechts ziemliche Ähnlichkeit mit der Analyse der Originalsprache links aufweist, kann man daraus schließen, daß die durch
diesen Vorgang erzeugte Verzerrung unbedeutend ist.

Der Phonem-Vocoder: Man kann synthetische Sprache auch
ohne Hinzunahme von Originallauten erzeugen. Schalttasten werden so vom Operator abgestimmt, daß sie bestimmten Sprachlauten
entsprechen; oder aber ein Computer wird so programmiert, daß
die vorbereiteten Laute in der richtigen Reihenfolge abgestrahlt

werden. Abb. 5.9 zeigt im oberen Bild das Wort „nurse" [nə:s] als
gesprochenes Wort und im unteren Bild eine Folge der vier Sprachlaute (Phoneme) n [n], uh [ə:], rr [r] und ss [s]. Wieder ist eine
gewisse Ähnlichkeit zwischen beiden Ergebnissen festzustellen.

Dieser technische Vorgang kann auch als Vocoder benutzt werden; am Senderausgang wird jedes Phonem elektronisch in der rich-

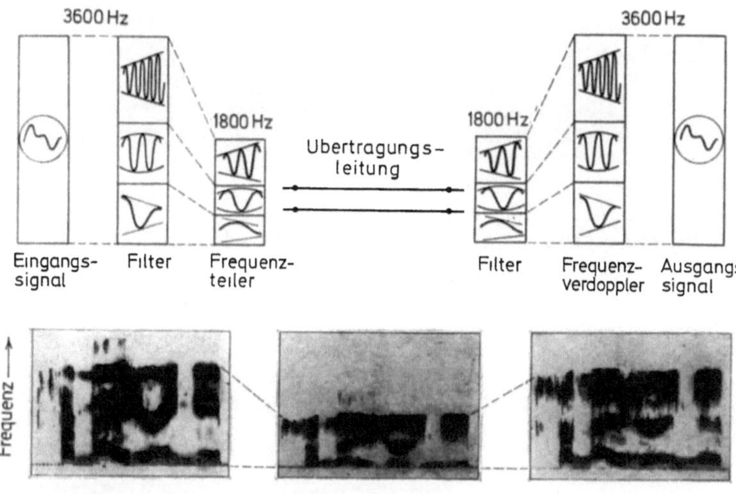

Abb. 5.8. Der Vobanc, eine Methode zur Einsparung von Übertragungs-
bandbreite, entwickelt von Bruce P. Bogert von den Bell Telephone
Laboratories

tigen Reihenfolge erkannt und im selben Moment erklingt es (synthetisch) am Empfangsort. Durch diesen Vorgang können große
Ersparnisse in der Bandbreite erzielt werden; es gehen natürlich
dabei alle charakteristischen Spracheigenheiten des Original-
sprechers verloren.

Probleme beim Lesen der sichtbar gemachten Sprache: Es wäre
denkbar, daß ein Mensch die Spektrogramme sichtbar gemachter
Sprache wie gedruckte Sprache zu lesen lernt. Auf diese Weise
könnte eine taube Person Sprache „verstehen", wenn man sie ihr
dauernd sichtbar vor Augen führen würde und wenn sie lernen
könnte, diese Art der Darstellung zu lesen. Abb. 5.10 zeigt eines

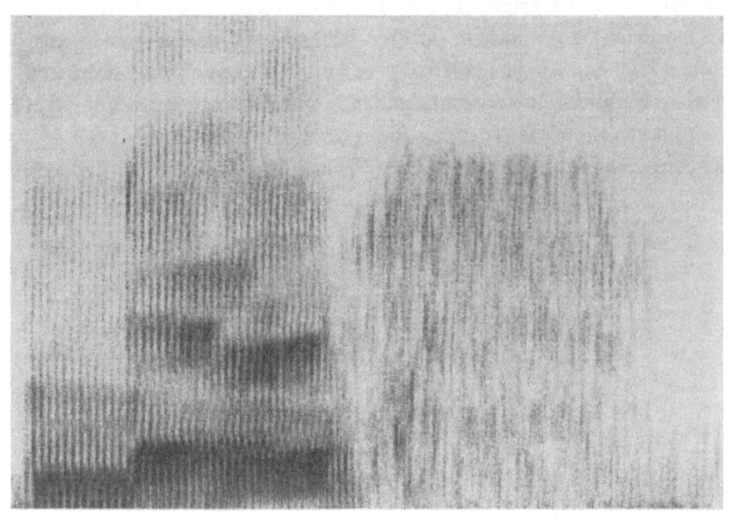

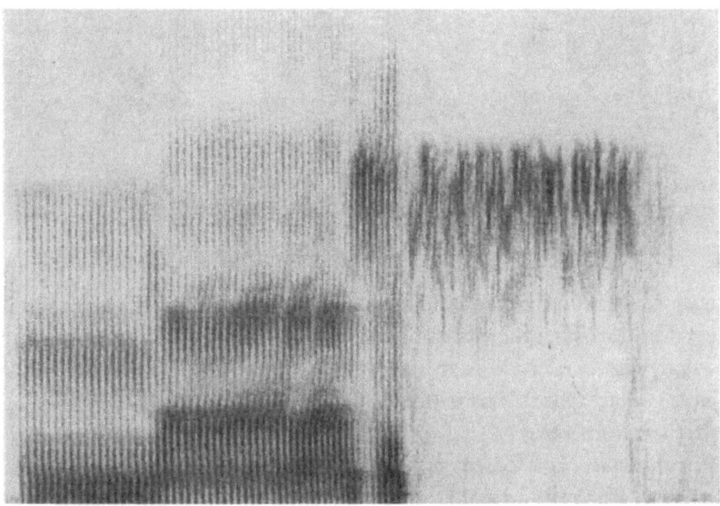

Abb. 5.9. Spektrogramme des Wortes „nurse" [nə:s]. Oben das gesprochene Wort; unten eine Folge von vier Sprachlauten, die den Wortlaut
nachbilden

58

der Probleme bei dieser Methode auf. Die drei Spektrogramme gehen auf den gleichen Vokal zurück, nämlich das „a" in „at" [æt]. Links sehen wir die Analyse des Lautes „a" [æ] gesprochen von einem Mann, in der Mitte von einer Frau und rechts von einem Kind.

Die drei Spektrogramme zeigen verschiedene Resonanzfrequenzen, die zum Teil von der Größe des Resonanzraumes im Mund- und Rachenraum abhängig sind und die daher von Person zu

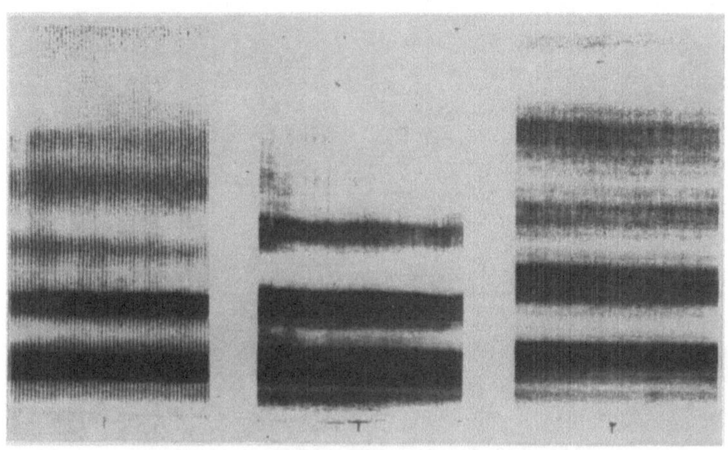

Abb. 5.10. Der Laut a [æ] in dem Wort „at" [æt], gesprochen von einem Mann (links), einer Frau (Mitte) und einem Kind (rechts)

Person Unterschiede zeigen. Diese Unterschiede in den Resonanzfrequenzen sind eine Schwierigkeit für den Betrachter, sichtbar gemachte Sprache irrtumsfrei zu interpretieren.

Dynamische Spektrogramme: Bei dem Versuch, sichtbare Sprachbilder noch eindeutiger und leichter erkennbar zu machen, wurde die normale Sprachanalysenmethode modifiziert, indem man die Stellen, an denen Wechsel und Übergänge erfolgen, besonders betont.

Abb. 5.11 zeigt im oberen Teil drei Aussprachen des Wortes „bird" [’bə:d], analysiert nach der besprochenen Methode (normale, breitbandige Spektrogramme). Im unteren Teil des Bildes wird dasselbe Wort als dynamisches Spektrogramm vorgestellt. Bei jeder der drei Darstellungen sehen wir links die schwarzen Flächen als Übergang vom Verschlußlaut b zu den zwei Resonanzen (Streifen) des Vokals; unmittelbar danach folgen wegen der annähernden Konstanz der Resonanzen (wie in der oberen Bildreihe zu sehen) keine weiteren starken Betonungen dieser zwei Resonanzen. Die Aufzeichnung macht jedoch deutlich, daß die obere Resonanz aufsteigende Tendenz hat, während die untere (später) in der Fre-

Abb. 5.11. Dynamische Sprachspektrogramme

quenz fallend ist. Außerdem ist klar zu erkennen, daß das „d" ein stimmhafter Laut ist (bei der oberen Reihe fehlt diese Markierung), und daß der Endlaut „duh" [də] des „d" leichter auszumachen ist.

Elektrisch nachgebildeter Mund- und Rachenraum: Abb. 5.12 stellt zwei Reihen von Vokalanalysen dar. Die untere Reihe zeigt gesprochene Vokale, die obere Reihe Vokale, die erzeugt wurden von einem Gerät, das als elektrische Nachbildung des Mund- und Rachenhohlraumes bezeichnet wird und von H. K. Dunn in den Bell Telephone Laboratories entwickelt wurde. Dieses Gerät ersetzt die akustische Übertragungsstrecke oder Stimmerzeugung in der Kehle durch eine elektrische Übertragungsleitung. Es ermöglicht die elektrische Veränderung gewisser Parameter, wie z. B. das Öffnen der Lippen oder die Stellung des Zungenrückens. Wie die Analysen

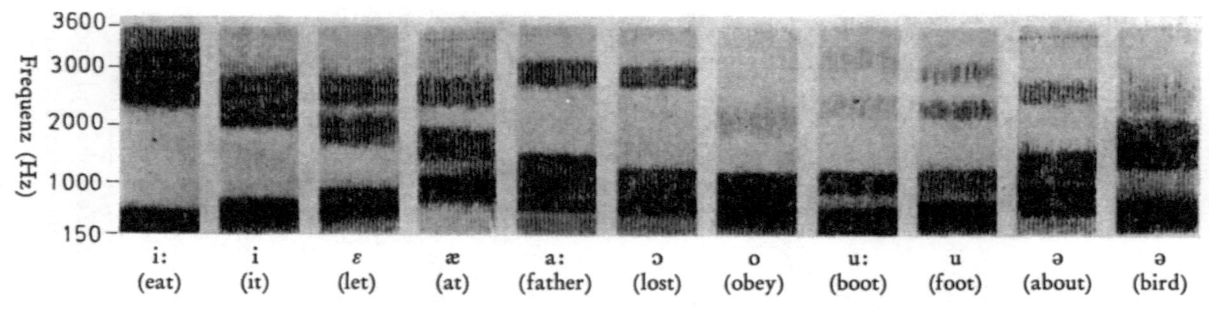

Abb. 5.12. Ein dem Mund- und Rachenhohlraum nachgebildetes elektrisches Gerät erzeugt synthetisch Laute; es wurde entwickelt von H. K. Dunn von den Bell Telephone Laboratories

zeigen, erzeugt dieses Gerät Laute mit sehr großer Ähnlichkeit zu den Vokallauten.

Computersprache: Die Digital-Computer-Technik hat in letzter Zeit eine bedeutende Rolle bei der Sprachanalyse und -synthese gespielt. Die Spektrum- (oder Fourier-) Analyse einer Sprachwelle, welche die von Ralph Potter entwickelte Filtertechnik verwendete, kann nun durch einen Computer vorgenommen werden. Man kann dies erreichen, indem man Teilpunkte oder Stichproben einer Wellenform abtastet, wie Abb. 5.13 am Beispiel einer vollständigen

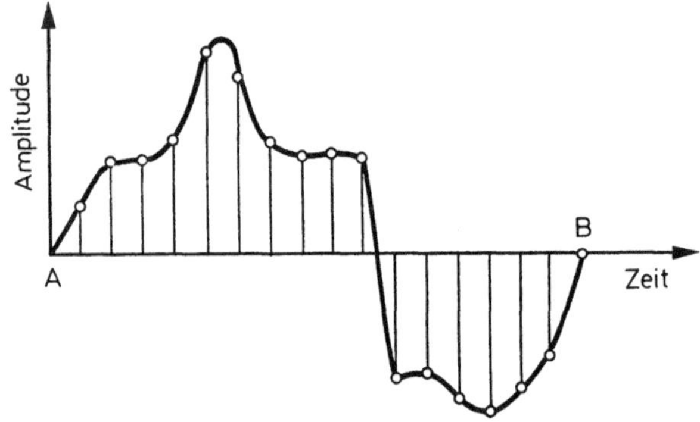

Abb. 5.13. Abgetastete Wellenform

Wellenperiode andeutet. Mit Hilfe dieser Information kann man sehr gute Annäherungswerte zur Spektrumanalyse der Welle erreichen. (Da nur Teilpunkte abgetastet werden, nennt man sie diskrete Fourier-Analyse oder bei Wellen, deren Spektrum zeitlich nicht konstant ist, diskrete Fourier-Transformation.) Ein solches Abtastverfahren kommt der schrittweisen oder Digital-Arbeitstechnik der Computer sehr entgegen, und so wurden auch bald Programme zur Fourier-Transformation entwickelt. Das am häufigsten angewandte Verfahren heißt „Fast Fourier-Transformation" oder kurz FFT, weil es ohne eine große Anzahl zeitraubender Operationen auskommt. Außerdem gestattet diese FFT-Methode die Tonhöhe einer Stimme mit einzubeziehen; mit Hilfe dieser zwei Informationen, nämlich Tonhöhe und Spektrum, ist es gelungen, computererzeugte Laute denen der menschlichen Sprache sehr ähnlich zu machen.

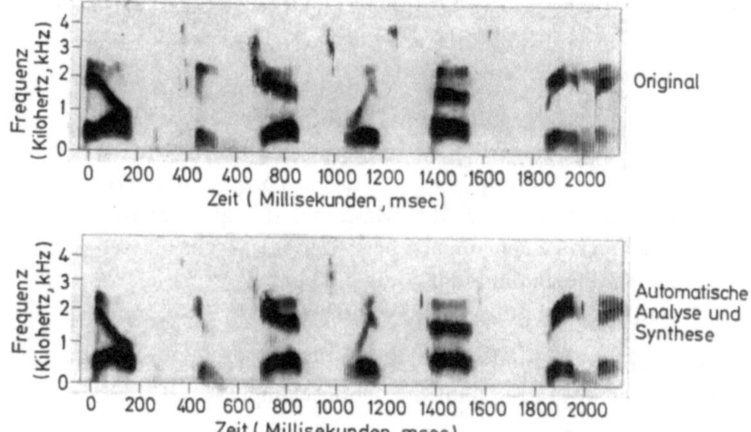

Abb. 5.14. Spektrogramme des Satzes „High-altitude jets whith past screaming" [hai ʼæltitjuːd dʒets wiz paːst skriːmiŋ]. Oben: menschliche Originalsprache; unten: vom Computer synthetisch aufgebaute Sprache

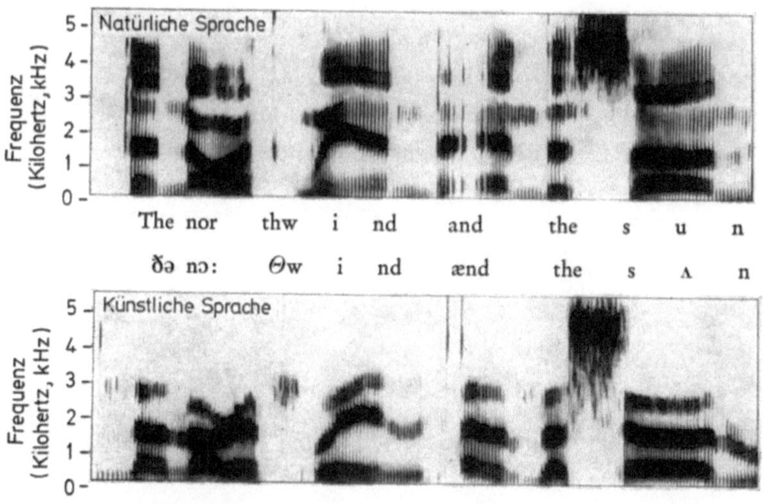

Abb. 5.15. Bei der Erzeugung der synthetischen Sprache, die im unteren Bildteil analysiert erscheint, „liest" der Computer tatsächlich einen gedruckten Text und ist mit Hilfe einiger Anweisungen in der Lage, die natürliche Sprache annähernd zu kopieren

J. L. Flanagan von den Bell Laboratories, der bei der Erforschung dieser Probleme an hervorragender Stelle mitgewirkt hat, beschreibt den Vorgang so:

> „Einzelne, vom Menschen gesprochene Worte, werden analysiert, umgewandelt in numerische Informationen und dann im Computer gespeichert. Vorprogrammierte Befehle veranlassen die Maschine, die gespeicherten Daten zu einem numerischen Äquivalent von Sätzen zu verbinden und dann diese Digitalinformation in synthetische Sprache umzuwandeln."

Die Abb. 5.14 und 5.15 zeigen Spektrogramme der menschlichen Originalsprache und der vom Computer rekonstruierten synthetischen Sprache.

6. Kapitel

Schallbilder von Musik

Die Technik der bildlichen Darstellung der Schallstruktur, wie
sie von Potter und seinen Mitarbeitern speziell zur Darstellung von
Sprachschall entwickelt wurde, kann auch zur Analyse vieler
Musikschallereignisse eingesetzt werden. Einige Beispiele sollen im
folgenden Kapitel vorgestellt und diskutiert werden.

Vibrato und Tremolo

Eine instrumentale oder vokale Solostimme enthält normalerweise eine periodische Variation von ca. 5 Hz. Variiert die Frequenz, spricht man von Vibrato; variiert die Amplitude, nennt
man es Tremolo.

Die Frequenz eines Tones, den eine Orgelpfeife erzeugt, ist
normalerweise ziemlich festgelegt, da die Frequenz im allgemeinen
durch die Länge der Orgelpfeife bestimmt ist. Folglich kann bei
einem Orgelpfeifenton nur eine Veränderung der Amplitude erfolgen, d. h. ein Tremolo. Anders verhält es sich bei Streichinstru-
menten, wie Violine oder Cello. Durch die regelmäßige Finger-
und Handgelenkbewegung des Spielers erfolgt eine periodische
Verkürzung und Verlängerung der angestrichenen Saite, was
wiederum eine Veränderung der Frequenz bewirkt (Vibrato).

Ein von einer menschlichen Stimme gesungener Ton kann sowohl ein Amplituden-Tremolo als auch ein Frequenz-Vibrato enthalten. Ganz allgemein wird die reine Frequenzvariation dabei
vom Ohr angenehmer empfunden. Sänger bemühen sich daher um
ein solches Vibrato in ihrer Stimme. Abb. 6.1 zeigt eine Schmalbandanalyse der Stimme des Tenors Enrico Caruso, der wegen
seiner kräftigen Opernstimme berühmt war. Deutlich ist die periodische Frequenzvariation (das Vibrato) zu erkennen. Eine ähnliche
Aufzeichnung sehen wir in Abb. 6.2 mit der Stimme der Soprani-
stin Lily Pons. Wieder ist die Frequenzvariation deutlich festzu-

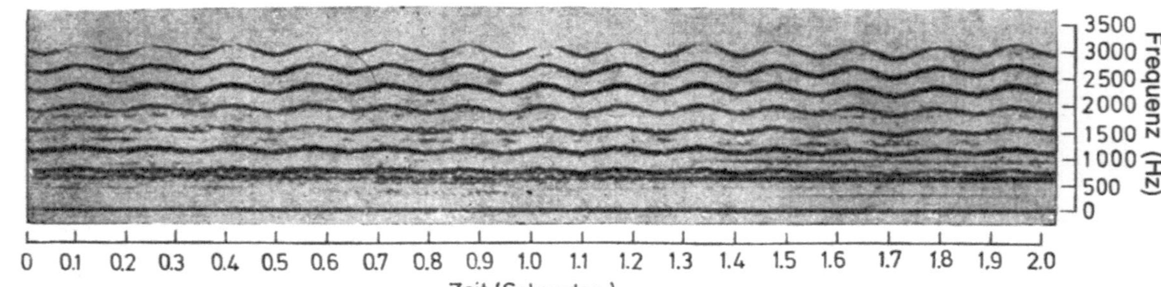

Abb. 6.1. Eine Schmalbandanalyse der Stimme Enrico Carusos zeigt eine starke periodische Frequenzvariation, die einem Vibrato entspricht

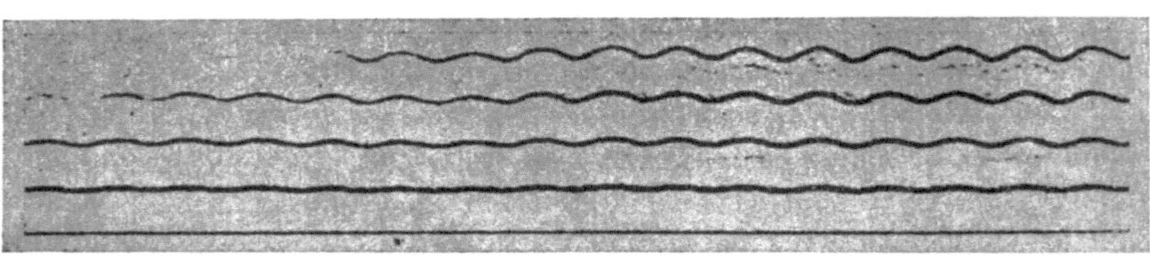

Abb. 6.2. Aufzeichnung der Sopranstimme von Lily Pons. Der große Abstand der Oberwellen zeigt die große Tonhöhe der gesungenen Note an

stellen; es gibt praktisch keine Amplitudenvariation. Man kann erkennen, daß die Intensität der dritten und vierten Oberwellen im Laufe der Aufzeichnung zunimmt.

Formanten von Musikinstrumenten

Die zahlreichen Vokalschallanalysen des vorhergehenden Kapitels zeigen die charakteristischen Vokalresonanzen (oder Formanten), die durch die Benutzung von Breitbandfiltern beim Analysierungsprozeß noch deutlicher hervorgehoben werden. Da sich die Formanten mit dem Wechsel von einem Vokal zu einem anderen verändern, kann man schließen, daß die Formantenstellung in der Frequenzskala von den Schallcharakteristika abhängig ist.

Viele Musikinstrumente haben Resonanzhohlräume oder Resonanzstrukturen. Obwohl der ursprünglich erzeugte Ton schon an sich reich an Oberwellen ist, betonen oder verstärken die Resonanzstrukturen diese Harmonischen, die in das Frequenzband der Resonanzen fallen. Es ist ein allgemein anerkanntes Prinzip, daß die charakteristischen Klangeigenschaften, die ein Musikinstrument von einem anderen unterscheiden, durch die Gegenwart dieser Resonanzen beeinflußt werden. Aufgrund von Experimenten hat man den Formanten für die Posaune auf 1020 Hz festgesetzt, den wichtigsten Formanten für das Waldhorn auf 1350 Hz und den für die Trompete auf 1520 Hz. Wir definieren hier also die Formanten für die Musikinstrumente auf die gleiche Weise wie die Stimmenformanten — nämlich als starke Resonanzbereiche, welche die mit ihnen zusammenfallenden Oberwellen verstärken.

Abb. 6.3 zeigt drei Spektralanalysen eines Fagott-Tons, der in drei verschiedenen Tonhöhen gespielt wird. Die Oberwellen liegen bei den höheren Tönen weiter auseinander; bei allen Tonhöhen liegen jedoch deren Oberwellen deutlich verstärkt als Resonanz bei ca. 500 Hz (0,5 kHz).

Die Größe des Resonanzeffekts in diesem Fall läßt sich recht gut mit Vokalresonanzen vergleichen. Während des Durchlaufs des Resonanzpunktes unterliegen die Oberwellen einer Lautstärkevariation von 20—30 dB. Dieser Effekt wird auch beim Versuch der Imitation von bestimmten Orgel- oder Orchesterklangbildern durch elektronische Orgeln ausgenutzt. Die Methode verwendet

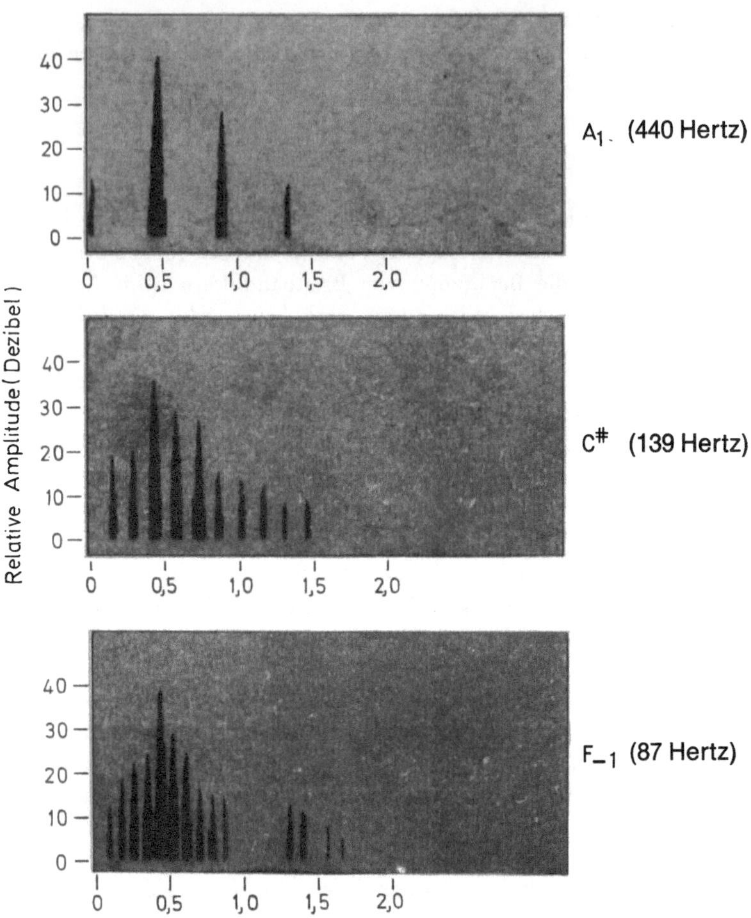

Abb. 6.3. Spektralanalyse eines Fagott-Tons bei drei verschiedenen Tonhöhen

einen elektrischen Resonanzkreis, dessen Frequenzbereich und
Bandbreite den zu imitierenden Instrumenten entsprechen. Wenn
nun ein beliebiger Oszillatorton der Orgel, der reich an Oberwellen ist, durch diesen Kreis geleitet wird, werden die Oberwellen, die in den Resonanzbereich fallen, verstärkt und es ent-

68

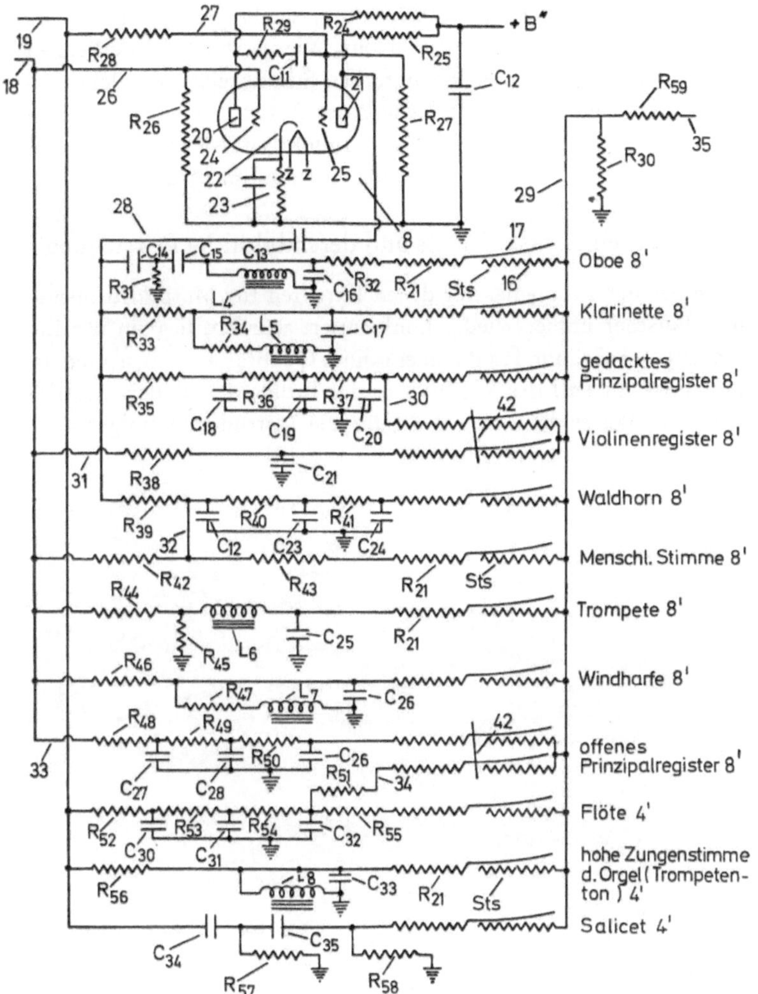

Abb. 6.4. Klangfarben-Schaltkreise in einer elektronischen Orgel enthalten oft Resonanzkreise, die den Formanteneffekt erzeugen. In dieser schematischen Darstellung bestehen die Sperrkreise für Oboe, Klarinette, Trompete, Windharfe und Oktavtrompete aus Induktivitäten (nach dem Baldwin-Orgelpatent, ausgestellt auf den Verfasser)

steht der gewünschte Instrumentalton, unabhängig von der ursprünglichen Höhe des Oszillatortons. Wie in Abb. 6.4 zu erkennen ist, enthalten einige der Klangfarben-Schaltkreise der elektronischen Orgel, an deren Entwicklung der Autor beteiligt war (elektronische Orgel der Firma Baldwin) Induktivität-Kapazitäts-Kombinationen. Diese ergeben das erwünschte Bandpaßfilter.

Qualität eines Instruments und deren bildliche Darstellung

Eines der Probleme, mit denen Experten für Musikinstrumente und Forscher immer wieder konfrontiert wurden, liegt in der Erklärung der Gründe für die anerkannte Qualität eines Instruments. Besonders im Fall der Violine trat das Problem besonders deutlich auf. Seit Jahren bevorzugen Geiger die Instrumente einiger alter

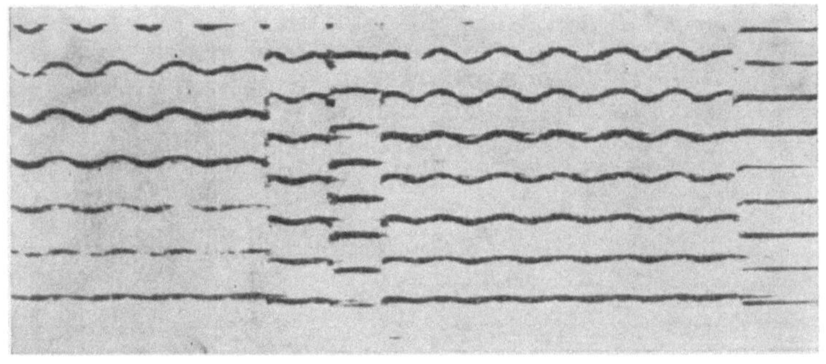

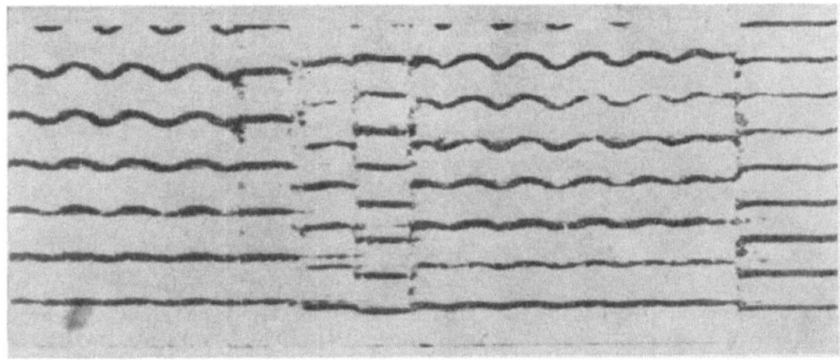

Abb. 6.5. Schallspektrogramme eines Musikstücks gespielt von Zino Francescatti, einmal auf einer Guersan-Violine (oben) und einmal auf einer preiswerten Violine (unten). Die Frequenzskala umfaßt 0 bis 6500 Hz

Abb. 6.6. Zino Francescatti beim Spiel des Musikstücks, dessen Analyse Abb. 6.5 zeigt (im Hintergrund der Verfasser)

Violinbauer, wie z. B. Stradivari, Guarneri oder Guersan; dennoch ist ihre Qualität nie in vergleichenden Tests mit einfachen, normalen Violinen wissenschaftlich erwiesen und dargestellt worden.

Die Methode der Sichtbarmachung von Sprache kann hier dem Forscher helfen, die Gründe für die Beliebtheit eines bestimmten Instruments und dessen angeblicher Überlegenheit in der Tonqualität nachzuweisen. Abb. 6.5 zeigt eine Schmalbandanalyse eines Musikstücks, das der Geiger Zino Francescatti in einem reflexionsfreien Raum der Bell Telephone Laboratories in Murray Hill, New Jersey gespielt hat (siehe Abb. 6.6). Das untere Bild der Analyse zeigt die Tonfolge gespielt auf einer weniger wertvollen Violine, während das obere Bild die gleiche Tonfolge gespielt auf einer alten Guersan-Violine darstellt. Diese beiden Aufzeichnungen zeigen im Vergleich, daß die weniger wertvolle Geige stärkere niederfrequente Oberwellen sowohl links wie ganz rechts auf dem Spektrogramm aufweist. Außerdem erzeugt die preiswerte Violine mehr Nebengeräusche zwischen den Oberwellen beim Übergang von einer Note zur nächsten. Man kann erwarten, daß diese Nebengeräusche bei schneller Tonfolge die Klarheit des Tons beeinträchtigen und herabsetzen.

Formanten-Verdopplung durch Orgel-Mixturen

Da die Formanten ausschlaggebend für die Klangfarbe eines Instruments sind, hat man versucht, bei der Konstruktion von Orgelregistern vergleichbare Instrumentaleffekte zu erzielen, die man „Mixturen" nennt. Beim Ziehen dieser Register werden, obwohl nur eine einzelne Taste gespielt wird, mehrere Orgelpfeifen gleichzeitig zum Tönen gebracht. Bei Normalregistern, wie z. B. beim Prinzipalregister, spricht nur eine Pfeife an, wenn eine Taste gedrückt wird, so daß also nur ein Satz oder Register von Pfeifen (eines für jede Taste auf der Tastatur) erforderlich ist. Für eine Mixtur braucht man dagegen eine Vielzahl von Registern, und die Bezeichnung der Mixtur wird bestimmt durch die Anzahl der ansprechenden Pfeifen (z. B. Vier-Register-Mixtur).

Mixturen, die zur Simulation von Formanten bestimmt sind, erreichen diesen Effekt mit der Behelfslösung der Unterbrechung; d. h. von den tieferen Oktaven erklingen beim Spielen einer Taste nur die sehr hohen Anteile, während bei den höheren Oktaven nur die tieferen Anteile (Oberwellen) zu hören sind. Spielt man also die Tastatur von unten nach oben durch, so entfernen die Unterbrecher die hohen Oberwellen und fügen die tieferen hinzu. Diese Unterbrecher verleihen den tieferen Oktaven mehr Brillanz, den mittleren eine größere Klangfülle und den oberen einen vollen, abgerundeten Klang. Helmholtz verglich einmal die Resonanzen (oder Formanten) einer Violine mit dem Effekt der Mixturen (Verbundregistern) in einer Orgel [3]:

> „Da die Partialtöne der tönenden Saiten (einer Violine) in dem Maße stärker an die Luft abgegeben werden, als sie den Partialtönen des Kastens näher sind, so werden bei den hohen Noten dieser Instrumente die Grundtöne durch die Resonanz vielmehr über ihre Obertöne herausgehoben, als bei den tieferen. Bei den tiefsten Noten der Violine dagegen wird nicht bloß der Grundton, sondern auch seine Oktave und Duodezime durch die Resonanz begünstigt, da der tiefere Eigenton des Kastens zwischen dem Grundton und dem ersten Oberton, der höhere Eigenton zwischen dem ersten und zweiten Oberton liegt. Auch bei den Mixturen der Orgel kommt etwas entsprechendes vor, indem man die Reihen der Obertöne, welche durch eigene Pfeifen dargestellt werden, für die hohen Noten des Registers kürzer macht, als für die tiefen Noten." ...

Um diesen Effekt noch deutlicher zu machen, wollen wir die Eigenschaften einiger Mixturen untersuchen. Abb. 6.7 zeigt die Anordnung einer Drei-Register-Zimbel-Mixtur mit 6 Unterbrechern; es handelt sich um ein Register der Aeolian Skinner (G. Donald Harrison) Orgel in der Christuskirche von Houston (Texas). In der Zeichnung bedeutet die lang durchgehende Linie die gespielte Taste, und die dazugehörige Note entspricht dem Grundton. Bei der tiefsten Taste in der Tastatur, entsprechend dem tiefen C (das ist CC), läßt die Drei-Register-Mixtur drei Töne erklingen (drei Ober-

---

[3] Hermann von Helmholtz: Die Lehre von den Tonempfindungen. Wissenschaftliche Buchgesellschaft Darmstadt 1968. 7. unveränderte Auflage, Seite 345.

wellen) einschließlich der drei- (C³) und vier- (C⁴) gestrichenen C. Bei der höchsten Taste (dem C⁴) läßt die Mixtur C⁵ erklingen, dem ersten Oberton (2. Oberwelle) von C⁴, als auch die dritte und vierte Oberwelle. Die erzeugten Oberwellen liegen unabhängig von dem Grundton ungefähr in der gleichen Tonhöhe, d. h. zwischen

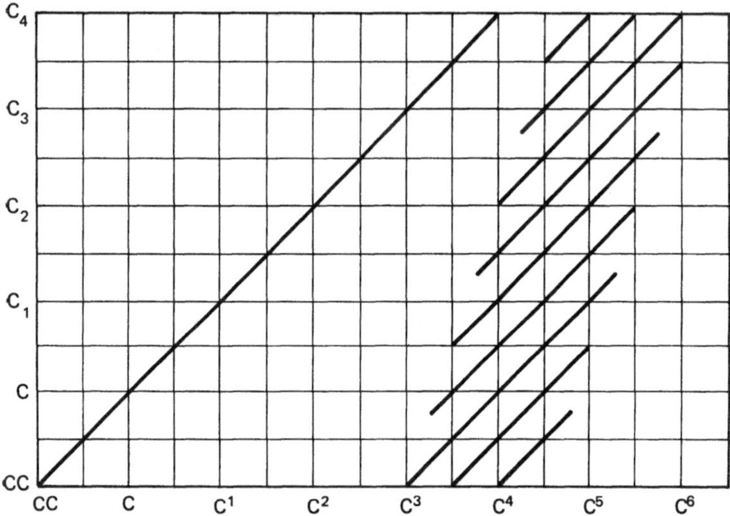

Abb. 6.7. Graphische Darstellung der Drei-Register-Zimbel-Mixtur der Orgel in der Christus-Kirche in Houston

C³ und C⁶. Sie entsprechen so der Arbeitsweise eines festgelegten Resonators, der einen Formanten erzeugt. Aus der Abbildung kann man auch noch entnehmen, daß die Oberwellen mit der höheren Grundnote auch langsam in ihrer Tonhöhe ansteigen; den gleichen Effekt hat man bei den Formanten von Orchesterinstrumenten auch festgestellt.

Sichtbare Darstellung des Chor-Effekts

Die elektronische Orgel zählt erst seit relativ kurzer Zeit zur großen Familie der Musikinstrumente. Transistoren erzeugen und verstärken hierbei die musikalischen Töne, die dann von einem Lautsprecher abgestrahlt werden. Man kann bei dieser Orgel erhebliche Einsparungen vornehmen, da dem einzelnen, von einem elektrischen Oszillator erzeugten Ton, viele verschiedene Klangqualitäten mitgegeben werden können, so zum Beispiel die Klänge von Prinzipalpfeifen, Saiten-, Blas- und Holzinstrumenten. Auf der anderen Seite erfordert eine herkömmliche Pfeifenorgel für jede gewünschte Klangfarbe einen kompletten Pfeifensatz (eine für jede Note der Orgeltastatur). Folglich besitzen Orgeln mit verschiedenen Klangfarben als Registermöglichkeiten auch entsprechend viele Pfeifen.

Wir stellten in Abb. 6.4 fest, daß ein bestimmter Typ der elektronischen Orgeln zur Erzeugung gewisser Klangfarben einen Oszillatorton mit sehr reichem Oberwellengehalt benutzt. Mit Hilfe zahlreicher verschiedener elektrischer Filter kann man dann viele verschiedene Instrumentaltöne erzeugen. Obwohl dadurch eine Einsparung in der Zahl der Oszillatoren erzielt wird, entsteht doch auch ein Nachteil: Die Orgel ist nicht in der Lage, einen Chorklang oder Choreffekt zu erzeugen. Diesen Choreffekt kann man am besten erklären, wenn man den Klang eines Quartetts mit dem eines Chores vergleicht, die beide einen vierstimmigen Satz singen.

Dieser charakteristische Klang eines Chores beruht auf dem frequenzerweiternden Effekt, der durch die leichten Abweichungen in der Tonhöhe bei vielen verschiedenen Einzelstimmen entsteht. Diesen Unterschied stellen wir auch fest, wenn ein Streichquartett und ein Sinfonieorchester die gleiche Partie spielen. Eine normale Pfeifenorgel erzeugt ebenfalls einen Choreffekt, wenn mehrere Register gezogen werden, weil die verschiedenen, dann zusammenklingenden Pfeifen ähnlich geringfügige Unterschiede in ihrer Tonhöhe aufweisen. Man kann diesen Effekt bei einer elektronischen Orgel nur sehr schwer imitieren, da die vielen Klangfarben alle von einem einzigen elektronischen Oszillator erzeugt werden.

Die Eigenschaften des Chorklangs können mit Hilfe der Technik zur Sichtbarmachung von Sprache dargestellt werden. Auf diese Weise hilft man den Entwicklern bei dem Versuch, diesen Effekt in elektronischen Instrumenten zu kopieren. Abb. 6.8 zeigt die Aufzeichnung eines Chores, der die Worte „Thou knowest it telling" [ðau 'nou:əst it 'tɛliŋ] aus dem Weihnachtslied „Good King Wenceslas" [gud kiŋ 'wɛnzɛsləs] singt. Diese wurde mit der Schmalbandanalysemethode aufgenommen, die auch bei den Solostimmen-Aufnahmen der Abb. 6.1 und 6.2 verwendet wurde. Die einzelnen, vom Chor gesungenen Vokaltöne und ihre Oberwellen sind bei weitem nicht so scharf oder klar erkennbar wie bei den Solostimmenaufnahmen. Die Existenz vieler Stimmen, die alle geringfügig in der Tonhöhe voneinander abweichen, hat eine Streuung der Oberwellen zur Folge.

Da die gerade festgestellte Bandbreitenerweiterung an die verbreiterten Frequenzbilder eines geräuschähnlichen Schallereignisses

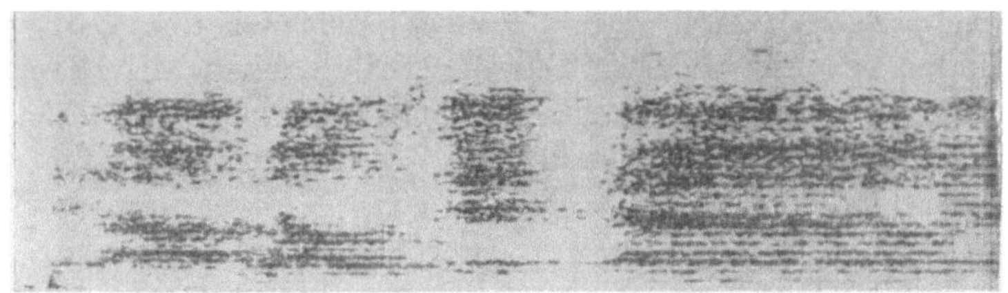

Abb. 6.8. Spektrogramm eines Chors, der die Worte „Thou knowest it telling" [ðau 'nou:əst it 'tɛliŋ] aus dem Weihnachtslied „Good King Wenceslas" [gud kiŋ 'wɛnzəsləs] singt

erinnern, liegt die Vermutung nahe, daß man bei elektronischen Orgeln vorteilhafter elektronische Geräuschoszillatoren statt der Einton-Oszillatoren verwendet wie Abb. 6.9 zeigt. In dem Schaltbild ersetzen einfache elektronische Filter (oben im Bild), eines für jede Taste, die einzelnen elektronischen Oszillatoren der Orgel. Sie sind in ihrer Bandbreite schmal genug, um eine annehmbare Klangqualität zu erzeugen, die vergleichbar ist der Qualität der sich ausbreitenden Frequenzbänder, welche die Choroberwellen in der Abb. 6.8 aufweisen. Diese einfache Lösung bietet hingegen nur einfache reine Grundtöne, da die Filter nur einen schmalen Bandbereich von Geräuschen in unmittelbarer Umgebung der gewünschten Note durchlassen. Der so entstandene Ton ist frei von Oberwellen. Um den Choreffekt mit Tönen, die reich an Oberwellen sind, dennoch zu erreichen, werden die reinen gefilterten Töne gleichgerichtet, wie das untere Diagramm in der Abb. 6.9 zeigt. Der Ton wird so stark mit Oberwellen angereichert, und diese gleichen in ihrem geräuschähnlichen Klang denen in Abb. 6.8.

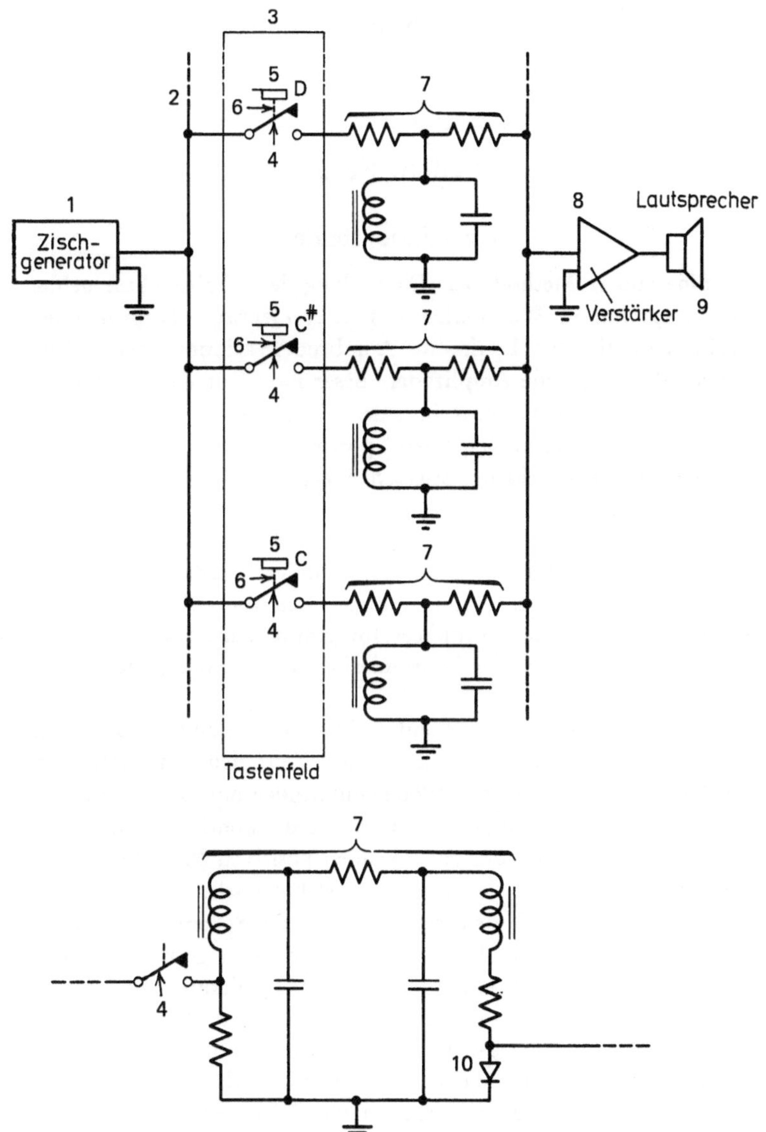

Abb. 6.9. Schematischer Aufbau zur elektronischen Erzeugung des Choreffekts mit Hilfe einer Geräuschquelle. (Nach einem dem Verfasser erteilten Patent)

7. Kapitel

Verschiedene Schallbilder

Korrelationsbilder

Eine andere Methode zur Darstellung der Schallstruktur nennt man Korrelation. Wir stellen uns zwei identische Kopien einer Welle vor, die eine bestimmte Amplitudenvariation in der Zeit haben. Wenn nun die Amplituden dieser zwei Kopien miteinander multipliziert werden, wird in jedem Fall ein positives Produkt herauskommen: wenn beide eine positive Auslenkung haben, ist das Produkt der beiden positiven Werte ebenfalls positiv; sind beide in einer negativen Auslenkung, ist das Produkt von zwei negativen Werten ebenfalls positiv. Wenn demnach die entstandenen positiven Produkte kontinuierlich addiert werden, indem man z. B. die beiden Wellensektionen durch einen Vervielfacher und anschließend durch einen Addierer (Integrator) schickt, erreicht man einen positiven Wert, der kontinuierlich mit der Länge der Welle zunimmt.

Im tatsächlichen Zeitablauf (Echtzeit) verändern sich die Wellenamplituden sehr schnell mit der Zeit; dennoch kann auch die Multiplikation der zwei Wellenamplituden mit Hilfe der Elektronik sehr schnell erfolgen, genauso wie die kontinuierliche Summierung (Integration) der entstehenden positiven Produkte. Folglich erhält man durch die fortgesetzte elektronische Multiplikation von zwei weitgehend gleichen Wellen und die ständige Summierung der multiplizierten Signale am Ende ein sehr großes Summenergebnis. Man nennt diesen Vorgang der Multiplikation und Addition von zwei identischen Wellen Korrelationsprozeß.

Betrachten wir nun den Korrelationsvorgang unter anderen Bedingungen: Die zwei Wellen bleiben identisch, werden jedoch multipliziert und addiert, während die Zeitkoordinate der einen Welle im Verhältnis zu der anderen verändert wird. Wir betrachten zuerst zwei gleiche Sinuswellen bei einer Frequenz. Wenn sie genau aufeinander ausgerichtet sind (d. h. wenn die Zeitkoordinaten identisch sind), bleibt das Ergebnis aus Multiplikation und Addition positiv, wie im Fall der obengenannten nicht gleichförmigen Wellen. Wird jedoch die Zeitkoordinate einer Welle im Verhältnis zu der anderen verändert, entsteht eine vollständige Summierung nur dann, wenn die Wellen um eine volle Wellenlänge oder ein ganzzahliges Verhältnis von Wellenlängen verschoben sind. Wird die Zeitverschiebung kontinuierlich (und gleichförmig) vorgenommen, pendelt die Korrelation (das Ergebnis von Multiplikation und Addition) der zwei Wellen abwechselnd zwischen

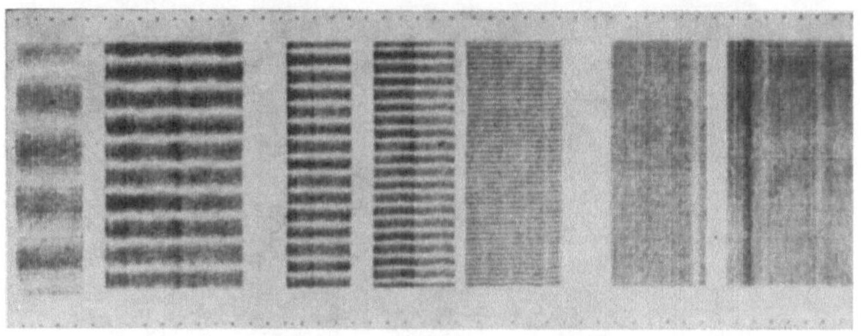

Abb. 7.1. Korrelatogramm einer Sinuswelle

einem *positiven Maximum* (wenn die Produkte der zwei positiven und der zwei negativen Werte sich alle addieren) und einem *negativen Minimum* (wenn die positiven Werte mit den negativen und die negativen mit den positiven Werten multipliziert werden).

Abb. 7.1 zeigt die sichtbare Darstellung des Korrelationsprozesses für eine Sinuswelle. Die relative Zeitkoordinatenveränderung der beiden Wellen ist senkrecht aufgetragen, während die Echtzeitveränderung der Welle selbst waagerecht aufgetragen ist. Da bei diesem Beispiel eine kontinuierliche Sinuswelle (mit nur einer Frequenz) genommen wurde, erscheint in der waagerechten Richtung keine Veränderung; d. h. die Lage der horizontalen Streifen verändert sich nicht mit der Zeit. In Angleichung an die Namensgebung Spektrogramm für die Methode der Sichtbarmachung von Sprache durch Frequenzanalysen, nennt man diese Darstellung Korrelatogramm.

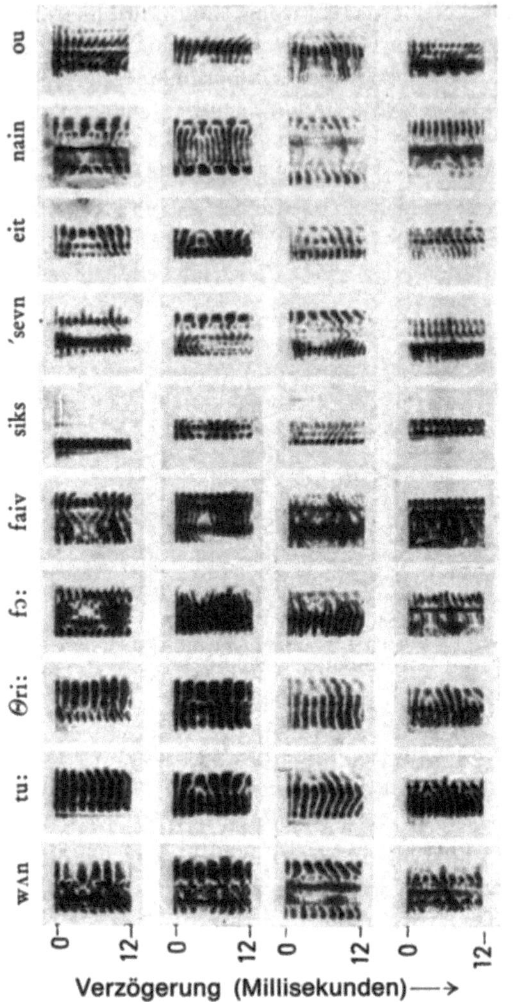

Abb. 7.2. Korrelatogramme der zehn Ziffern (im Bild oben dargestellt in phonetischer Umschrift), gesprochen von vier verschiedenen Personen

Wenn eine Welle, deren Amplitude in beliebiger Weise variiert, dem zeitvariierenden Autokorrelationsprozeß unterworfen wird, zeigt sich, daß die Korrelationsstreifen nicht zeitkonstant sind und daß sie ganz allgemein nicht so regelmäßig in vertikaler Richtung verlaufen wie die Streifen in Abb. 7.1. Sprachschall besteht aus Wellen dieser Art, da diese — wie wir in den Sprachspektrogrammen gesehen haben — in schneller Folge von geräuschmäßigem Schall oder Zischlauten zu stimmhaften Vokallauten wechseln, wobei die letzteren sogar selbst in der Frequenz des Grundtons noch sehr schnellen Wechseln unterworfen sind. Abb. 7.2 zeigt Korrelatogramme von 10 Ziffern, die von vier verschiedenen Personen gesprochen werden.

Schallausbreitung im Meer

Schallwellen breiten sich auch im Wasser aus. Mit Hilfe des sogenannten Sonar (in Anlehnung an das Radar ist dies eine Abkürzung für **S**ound **N**avigation **a**nd **R**anging = Schall-Navigation und -Entfernungsmessung) nutzt man die Schallausbreitung unter Wasser, um Objekte auf oder unter der Oberfläche des Meeres zu bestimmen und zu orten. Bei der Analyse dieser oder anderer Schallereignisse im Meer kann deren sichtbare Darstellung von großem Nutzen sein. Deshalb beschäftigt sich das folgende Kapitel mit der Darstellungsmethode von Unterwasserschallereignissen.

Seegeräusche: Wind und Stürme, die durch Höhenwinde verursacht werden, erzeugen im Meer geräuschähnliche Laute. Das Frequenzspektrum dieser Seegeräusche ist sehr breit, vergleichbar dem zischenden Geräusch des Windes, der durch Bäume streicht, oder den Zischlauten der menschlichen Sprache. Eine sichtbare Wiedergabe dieses Geräusches zeigt Abb. 7.3. Man kann feststellen, daß die Aufzeichnung während des Zeitablaufs völlig gleich bleibt und eine homogene Frequenzstruktur aufweist.

Mit Hilfe von gerichteten Unterwasser-Horchgeräten kann man die Bewegungsrichtung einer Störung verfolgen, wenn das Sturmgeräusch stark und relativ gut lokalisiert werden kann, wie z. B. in einem Taifun oder Hurrikan. Abb. 7.4 zeigt die Aufzeichnungen eines Unterwasserhorchgeräts, das in neun verschiedene Richtungen zielte, wobei die Intensität der Seegeräusche in den Richtungen ganz rechts im Bild am stärksten ist.

Abb. 7.5 zeigt abwechselnd die aus zwei Richtungen gewonnenen Signale. In der einen Richtung liegt das Zentrum des Sturms, in der anderen ist das Gebiet des Ozeans noch ruhig und vom

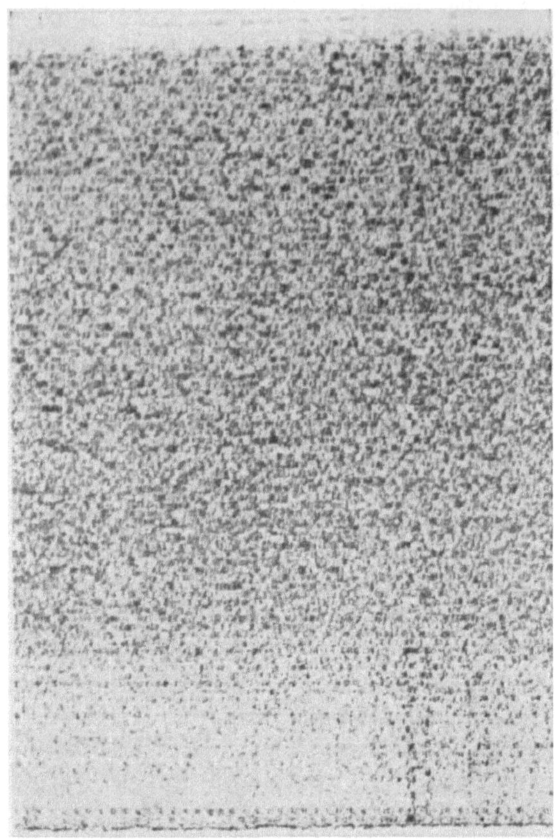

Abb. 7.3. Das Spektrogramm von Seegeräuschen ist völlig gleichbleibend in der Zeit

Sturm unbeeinflußt. Der zweite und vierte Streifen zeigen ein erheblich schwächeres Signal. Dies ist ein Zeichen dafür, daß das Seegeräusch hier nur sehr gering ist. Der erste und dritte Streifen sind dagegen viel dunkler, da der Geräuschpegel durch den Sturm sehr stark angehoben ist.

Schiffsschraubengeräusche: Ein schraubengetriebenes Schiff erzeugt ebenfalls ein breitbandiges Geräusch aufgrund eines Phänomens, das wir Kavitation nennen. Eine rotierende Schraube erzeugt

sowohl positive als auch negative Druckgebiete im Wasser, wobei
die extrem negativen Druckpunkte zur Bildung von winzigen
Wasserblasen führen, die unmittelbar darauf sofort zusammen-
fallen. Jeder Zusammenbruch ähnelt einer kleinen Explosion und

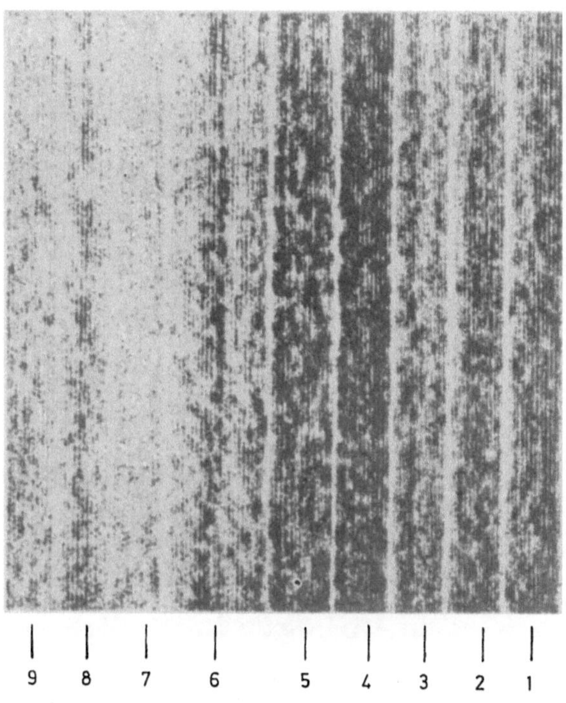

Abb. 7.4. Eine Gruppe von neun Spektrogrammen, aufgenommen mit
Hilfe eines gerichteten akustischen Unterwasserempfängers, der in neun
Richtungen geschwenkt wurde. Ein Hurrikan wird in den Richtungen
mit der schwärzesten Zeichnung geortet

das dabei entstehende Geräusch weist ein breites Frequenzband auf,
wie wir es schon bei den in Kapitel 4 behandelten Schüssen sahen.
Den Prozeß des Zusammenbruchs unzähliger kleiner Blasen nennt
man Kavitation, die sich in der fortwährenden Erzeugung von
breitbandigen Geräuschen nachweisen läßt. Dieses Geräusch ist, wie
das Zentrum eines Sturms, lokal begrenzt, da es von der Schiffs-

schraube stammt. Man kann seine Richtung mit Horchgeräten daher leicht feststellen und orten.

Beim Abhören des Kavitationsgeräuschs einer Schiffsschraube empfängt man ein rhythmisches Bild. Der Grund dafür liegt in der Tatsache, daß die Kavitation sich nahe der Wasseroberfläche am

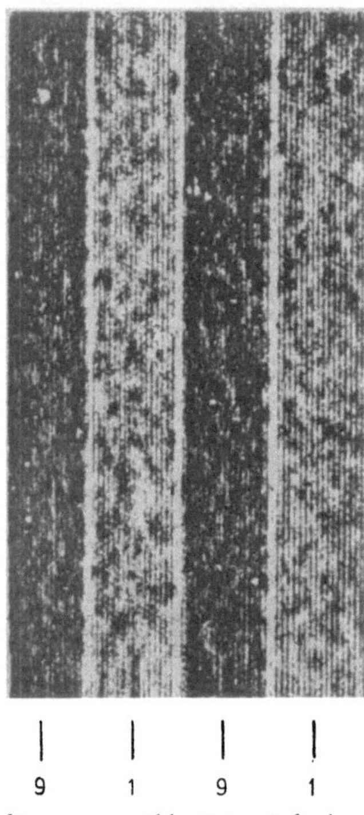

Abb. 7.5. Der Empfänger aus Abb. 7.4 wird abwechselnd in Richtung des Hurrikans und in ruhige Gebiete ausgerichtet. Dabei zeigt sich deutlich der Unterschied im Geräuschpegel

stärksten auswirkt. Die Bedienungsperson des Horchgeräts kann sogar, vorausgesetzt sie kennt genau die Schrauben- und Schiffsdaten, an Hand der Zahl der rhythmischen Schläge pro Minute die Schiffsgeschwindigkeit abschätzen. Ein zweiter Weg zur Bestimmung der rhythmischen Schläge ist der Einbau eines Analysators in das Abhörsystem, wie er zur Sichtbarmachung von Sprache verwendet wurde.

Tierlaute: Viele Fische und andere Seetiere geben Laute von sich, die mit Unterwassermikrofonen (Hydrofonen) aufgenommen werden können. So erzeugen z. B. Wale einen stöhnenden Laut mit einer einzigen Frequenz, und gewisse Krabbenarten geben eine Art Schnappgeräusch von sich.

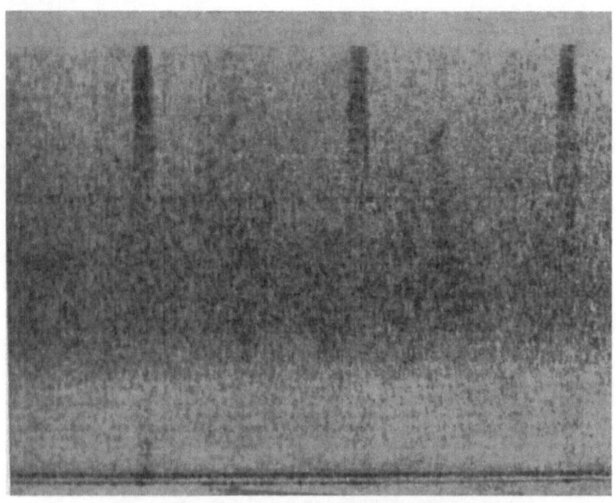

Abb. 7.6. Geräusch, das von einem im Meer lebenden Wesen stammt, das auch „Barney's Biest" genannt wird

Es gibt einen Fisch oder ein anderes Tier, dessen Laute man zwar aufgenommen hat, dessen Identität aber bis heute unbekannt ist. Abb. 7.6 zeigt die Aufnahme der Laute dieses Wesens, das scherzhafterweise auch „Barney's Biest" genannt wird. (Nach Harold Barney, einem Wissenschaftler der Bell Laboratorien, der als erster nachwies, daß diese Schallquelle sich bewegt). Wegen seiner rhythmischen Gleichmäßigkeit hat man zuerst angenommen, dieser Laut, der oft einige Minuten lang andauert, sei mechanisch und von Menschenhand hervorgerufen (möglicherweise von einer Pumpe oder Bohrlochanlage). Mit Hilfe einer Korrelationsaufzeichnung konnte Barney jedoch nachweisen, daß diese Schallquelle sich bewegt und deshalb von einem noch zu bestimmenden Unterwassertier stammen muß. Es sind Jahre vergangen, seit man das Geräusch zuerst gehört (und „gesehen") hat; bis heute hat man es nicht identifizieren können.

Abb. 7.7 zeigt eine weitere Unterwassergeräuschaufnahme einer unbekannten Schallquelle. Auch hier nimmt man an, daß es sich um einen Fisch oder ein anderes Unterwassertier handelt. Dieses Geräusch, das eine Frequenz von ungefähr 20 Hz aufweist, wurde

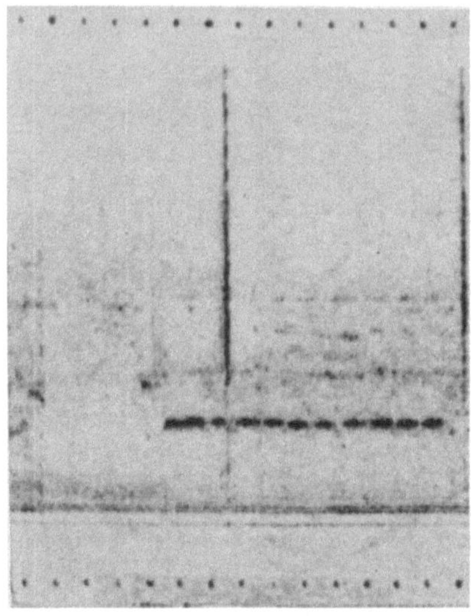

Abb. 7.7. Aufnahme eines Unterwassergeräusches, das in weiten Teilen des Atlantischen und Pazifischen Ozeans festgestellt wurde. Es zeigt eine deutliche Spitze bei ca. 20 Hz. R. A. Walker von den Bell Telephone Laboratories hat dieses Problem untersucht und darüber berichtet

in weiten Teilen des Atlantischen und Pazifischen Ozeans entdeckt und von R. H. Nichols von den Bell Laboratorien untersucht. Es handelt sich um einen Impulsschall (Ein- und Ausschalten), der einer telegrafischen, verschlüsselten Nachricht ähnelt, die aufgenommen und mit erhöhter Geschwindigkeit wieder abgespielt wird. Wegen der niedrigen Frequenz ist die Dämpfung mit der Entfernung nur gering im Gegensatz zu den höheren Tonfrequenzlauten. Man kann das Geräusch daher über größere Entfernungen verfolgen.

Akustische Holographie: In neuester Zeit ist es gelungen, eine neue Methode der Sichtbarmachung von Schall zu entwickeln: die Holographie. Von dem britischen Forscher Dennis Garbor 1947 ursprünglich als optisches Verfahren erfunden, hat sich der Anwendungsbereich der Holographie in letzter Zeit auf andere Gebiete erweitert, z. B. die Akustik und die Mikrowellentechnik. Dabei werden die zu erforschenden Objekte mit Schall- oder Mikrowellen „beleuchtet" und das reflektierte (oder gebeugte) Wellenfeld selbst zu einer optischen oder fotografischen Aufzeichnung umgewandelt. Diese Aufzeichnung wird dann, wie beim ursprünglichen optischen Hologramm mit kohärentem (Laser-) Licht beleuchtet und das ursprüngliche „akustisch beleuchtete Objekt" wird rekonstruiert und für das Auge sichtbar gemacht.

Prinzipien der Holographie: Lichtwellenhologramme lassen sich am leichtesten als Beugungserscheinung erklären. Abb. 7.8 a zeigt die fotografische Darstellung der Kombination von zwei Lichtwellensystemen. Das eine besteht aus ebenen (kohärenten) Wellen, die sich vor der Karte mit der kleinen Öffnung ausbreiten (man nennt sie auch Bezugswellen); das andere sind kugelförmige Wellen, die durch die kleine Öffnung austreten (sie sind die in diesem Fall entscheidenden Wellen). Eine solche Kombination von kugelförmigen und ebenen Wellen erzeugt in der Ebene der fotografischen Platte helle Ringe an den Stellen, wo verstärkende Interferenz auftritt. Der Abstand dieser Ringe voneinander verringert sich mit größer werdender Entfernung vom Mittelpunkt. Ein fotografisches Bild eines solchen Interferenzmusters zeigt Abb. 7.9.

Dieses Muster ist identisch mit der optischen Beugungseinrichtung, die man Zonenplatte nennt. Die durchsichtigen Ringe übertragen die Lichtenergie, die sich in einem „Brennpunkt" konstruktiv addiert, während die dunklen undurchsichtigen Ringe die Energie abblocken, die sich an diesem Brennpunkt aufheben würde. Ein Querschnitt durch eine typische Zonenplatte ist in Abb. 7.10 zu sehen, wobei man auch erkennen kann, wie die Stellung der Blockierungsringe zu bestimmen ist.

Eine Analyse der Verhaltensweise dieses Aufbaus zeigt, daß sich nicht nur, wenn man ihn von hinten mit ebenen Wellen be-

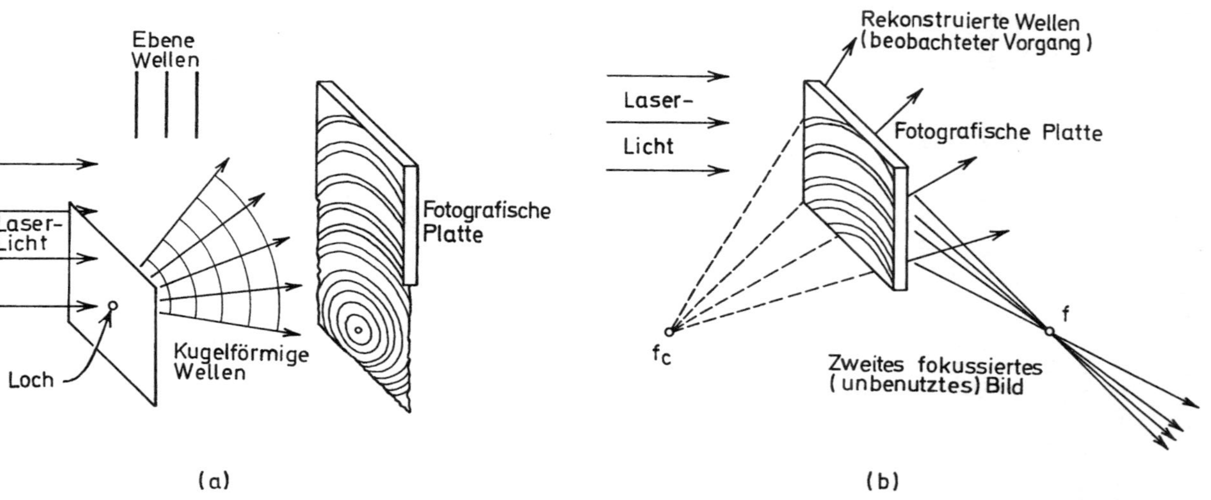

(a)

(b)

Abb. 7.8 Von einem Interferenzbild, das durch von links ankommende ebene Wellen und durch kugelförmige Wellen, die durch die sehr kleine Öffnung austreten, gebildet wird, entstehen kreisförmige Interferenzgebiete, die einer (optischen) Zonenplatte entsprechen. Wenn ein Teil dieses Bildmusters auf einer fotografischen Platte festgehalten wird, verursacht das entstehende Hologramm, wenn man es beleuchtet, die Erzeugung von Wellen, die dann ein imaginäres Abbild der kleinen Öffnung an ihrem Originalort entstehen lassen

leuchtet, eine Gruppe von gebündelten Wellen (die sich im Brennpunkt f vereinigen) bildet, sondern auch eine Gruppe von diver-
gierenden Wellen, die scheinbar von einem konjugierten (Neben-)
Brennpunkt f_c ausstrahlen. Wir sehen diesen Doppeleffekt im Verhalten deutlich in Abb. 7.8 b. Wenn das Hologramm (die fotografische Aufzeichnung, die links im Bild erstellt wurde) mit Laserstrahlen beleuchtet wird, entsteht rechts (aufgrund der konver-

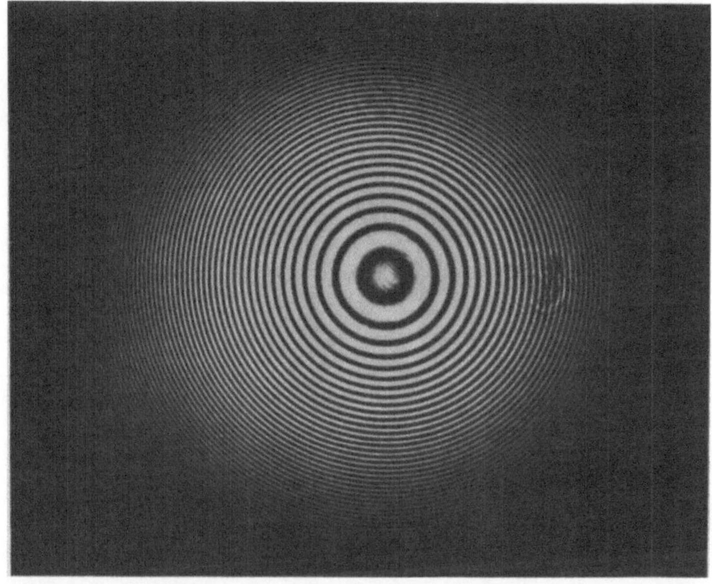

Abb. 7.9. Fotografische Aufzeichnung eines Interferenzbildes, das durch
das Zusammenwirken von kohärenten, ebenen und kugelförmigen Wellen entsteht. Das Bild gleicht einer optischen Zonenplatte

gierenden Zonenplattenwellen) ein echtes Bild der Lichtquelle an
der kleinen Öffnung und außerdem, links im Bild, ein virtuelles
Bild der kleinen Öffnung. Der Beobachter bildet sich so ein, daß
sich eine Punktlichtquelle an einer bestimmten Stelle hinter dem
Hologramm befindet. Wären bei der ursprünglichen Ausgangs-
situation zwei kleine Öffnungen gewesen, so wären zwei Zonenplatten auf der fotografischen Platte aufgezeichnet worden. Wenn

dann später dieses Hologramm mit Laserstrahlen beleuchtet worden wäre, würde der Beobachter glauben, zwei Lichtquellen zu sehen.

Da man annehmen kann, daß jedes Objekt aus vielen, vielen Lichtquellen sehr verschiedener Helligkeitsgrade besteht, zeichnet

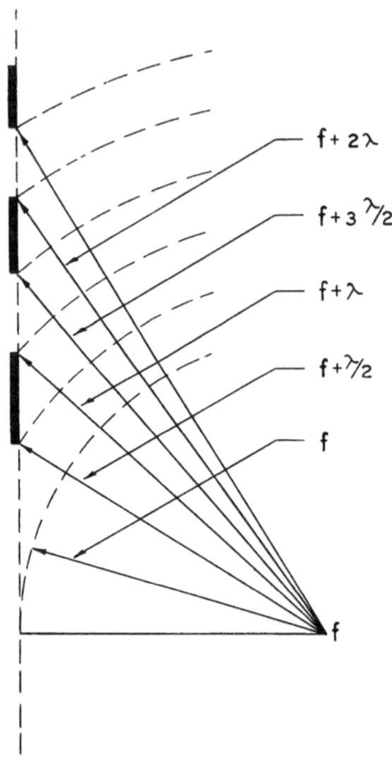

Abb. 7.10. Die offenen Zwischenräume einer Zonenplatte ermöglichen den Durchtritt von Energie, die sich im Brennpunkt f addiert, während die dunklen, undurchsichtigen Ringe den Energiestrom verhindern, der am Punkt f interferieren würde (λ = Wellenlänge)

ein Hologramm fotografisch die Überlagerung dieser vielen Zonenplatten auf. Wenn man das entwickelte und wiederbeleuchtete Hologramm betrachtet, kann man sich als im Raum hinter dem Hologramm stehender Beobachter vorstellen, die vielen Lichtquellen zu sehen, die das ursprüngliche Objekt ausmachen. Die dreidimensionale naturgetreue Wiedergabe eines optischen Holo-

gramms kann man am besten demonstrieren, indem man Fotos
eines Bildes betrachtet, wie es ein Hologramm dem Beobachter
unter verschiedenen Blickwinkeln bietet (Abb. 7.11).

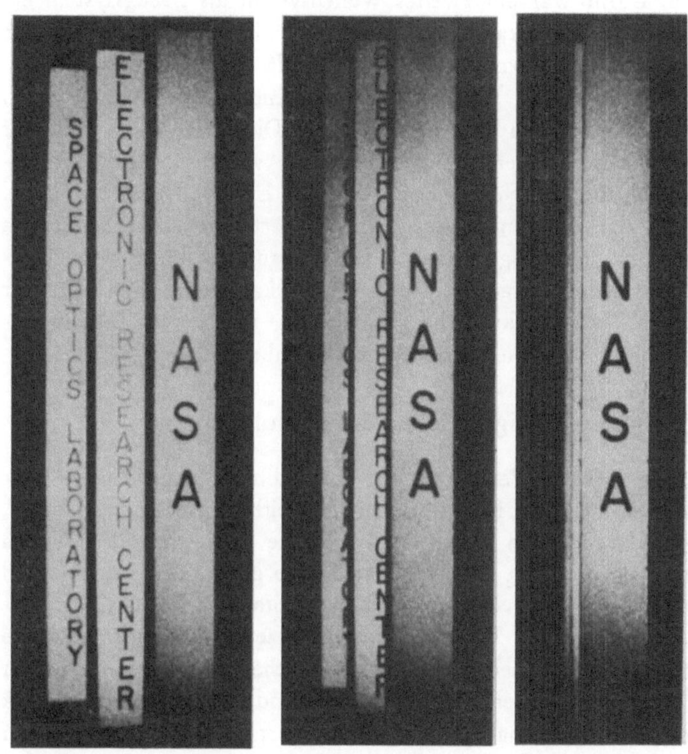

Abb. 7.11. Drei Fotos eines Hologramms, das mit Laserstrahlen beleuchtet wurde; das Hologramm enthält die Aufzeichnung von drei senkrecht
stehenden Stäben. Für diese Fotos wurde die Kamera (von links nach
rechts) langsam nach rechts verschoben, bis am Ende die hinteren Stäbe
von den vorderen ganz verdeckt wurden

Akustische Holographie: Da ein Hologramm die fotografische
Aufzeichnung eines Interferenzmusters ist, das zwischen einem interessierenden Wellensystem und einem Bezugswellensystem erzeugt wird, muß es auch möglich sein, Hologramme von anderen

Formen der Wellenbewegung zu erstellen. Vorausgesetzt wird jedoch, daß ein Welleninterferenzmuster irgendwie aufgezeichnet werden kann. In Kapitel 2 sahen wir, daß man das Wellenfortpflanzungsbild von Schallwellen tatsächlich fotografisch festhalten kann. Dafür war ein zweites Wellensystem als Bezugssystem erforderlich. Daher kann man Bilder wie die in Abb. 3.14 und 3.3 als akustische Hologramme bezeichnen, da sie Aufzeichnungen von Interferenzmustern zwischen interessierenden Wellen und einem System von ebenen Bezugswellen sind. Die Streifen dieser Bilder sind akustische Interferenzgebiete, genau wie die optischen Interferenzen, die entstehen, wenn kohärente Lichtwellen interferieren.

Da das Hauptinteresse in dem Interferenzmuster selbst (im Wellenfortpflanzungsmuster) lag, hat man von ihnen keine Bildrekonstruktion vorgenommen. Dennoch kann man mit Hilfe der gleichen Technik akustische Hologramme und deren Rekonstruktion vornehmen, wie es in zahlreichen Laboratorien geschieht.

Flüssigkeitsoberflächen-Hologramme

Ein Echtzeit-Verfahren zur Betrachtung akustischer Hologramme, das den fotografischen Aufzeichnungsvorgang umgeht, zeigt Abb. 7.12. In diesem Fall sind die interessierenden Wellen diejenigen, die (wie unten in der Skizze gezeigt) abgestrahlt und von dem Objekt (ein in eine Platte gestanzter Buchstabe E) gebeugt werden. Ihr Interferenzmuster erzeugt zusammen mit den Bezugswellen an der Flüssigkeitsoberfläche Erhebungen. An jeder Grenzfläche zwischen einer Flüssigkeit und einem Gas wird Druck abgebaut und deshalb deformiert das ortsfeste Interferenzmuster der akustischen Wellen die Wasseroberfläche in Abb. 7.12 mechanisch. Die Erhebungen entsprechen den oben genannten akustischen Interferenzringen, und die Rekonstruktion des akustischen Hologrammbildes erhält man daher, indem Laserlicht an dieser hügeligen Oberfläche gebeugt wird, wenn es von der Wasseroberfläche reflektiert wird. Die Technik dieser akustischen Echtzeit-Holographie wurde zuerst von R. K. Mueller von den Bendix Research Laboratorien entwickelt.

Die Unterwasserforschung wird oft durch schlechte Sicht in großen Tiefen beeinträchtigt, so daß optische Erkundungsmethoden

92

ungeeignet sind. Außerdem bieten andere akustische Methoden
wie z. B. Sonar nicht die gleichen guten Ergebnisse wie die akustische Holographie. Abb. 7.13 ist ein Foto eines akustischen Inter-

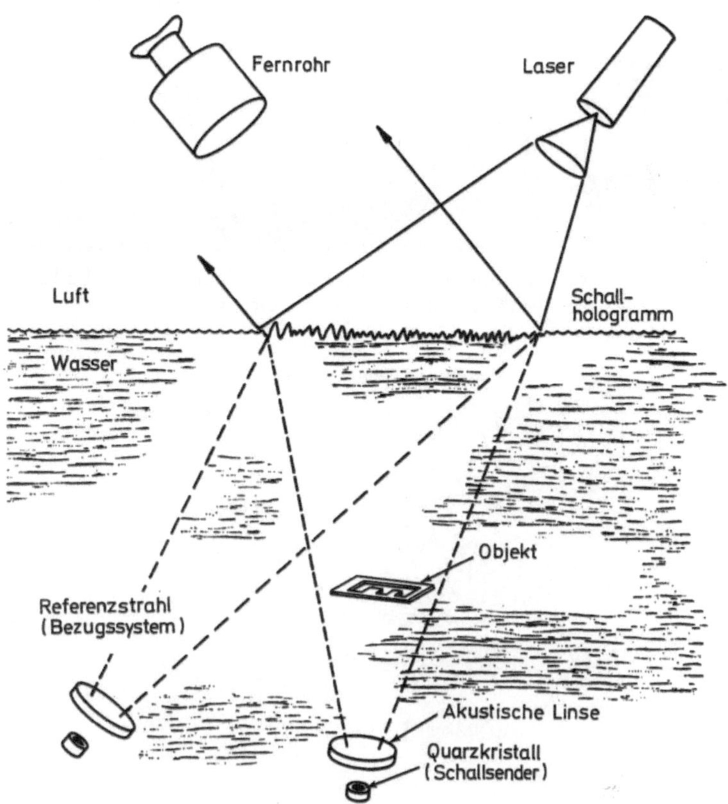

Abb. 7.12. Die wesentlichen Bauelemente eines holografischen Schall-
Licht-Bildwandlers (nach A. K. Mueller von den Bendix Research Laboratories)

ferenzmusters (eines Hologramms) und Abb. 7.14 zeigt das Bild,
das mit Hilfe der Beleuchtung durch kohärente Laserstrahlen wieder aufgebaut werden kann.

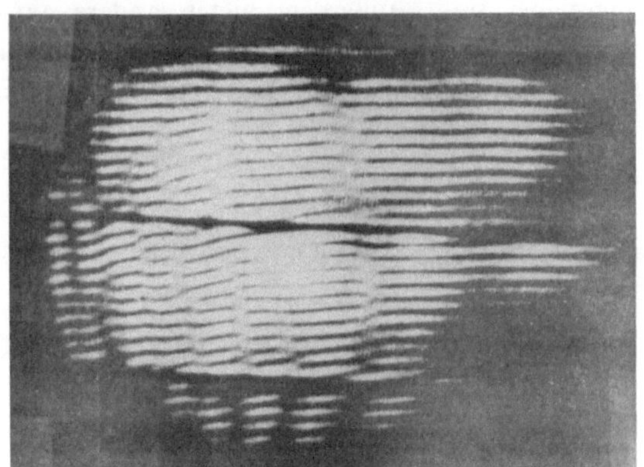

Abb. 7.13. Rechts im Bild ist ein akustisches Hologramm des Buchstaben C zu sehen. Links: das Original

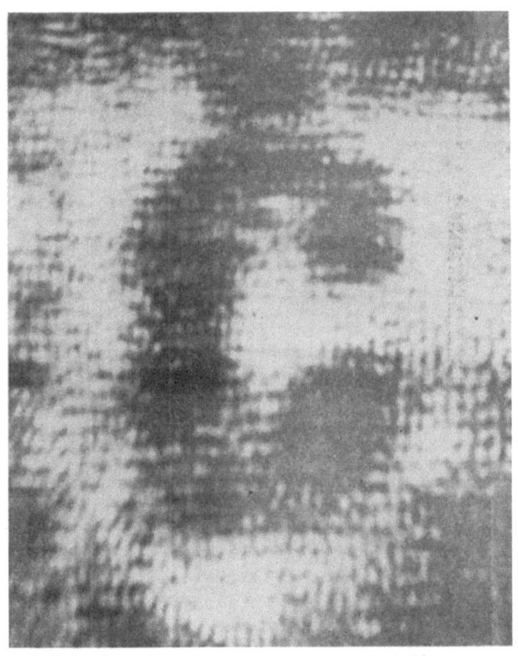

Abb. 7.14. Rekonstruktion des Hologramms aus Abb. 7.13. Die Umrisse des Buchstaben C sind deutlich zu sehen

Super-Richtwirkung

Eine sichtbare Darstellung bestimmter Schallwellenmuster er-
leichtert einem oft das Verstehen von Phänomenen, die dieses
Muster verursachen. Ein Beispiel dafür ist ein Wellenabstrahlungs-
und -empfangsvorgang, den man Super-Richtwirkung nennt. Die
Theorie, auf der dieser Vorgang beruht, stellt eine Herausforde-
rung an eine seit langem gültige Hypothese dar. Die Verfechter

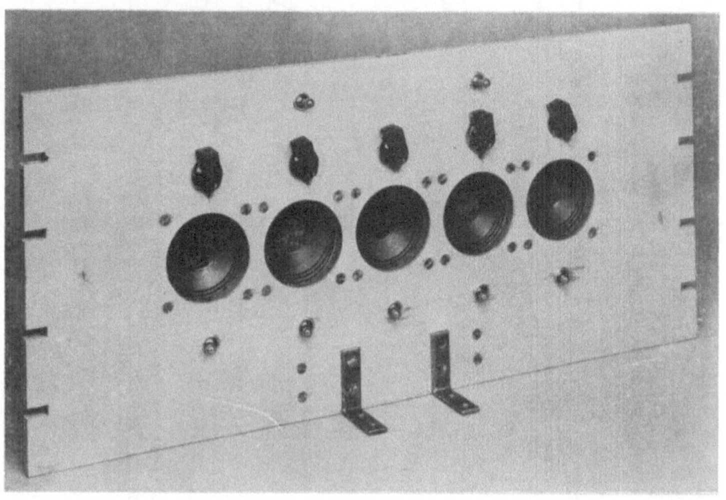

Abb. 7.15. Fünf Lautsprecher, die eine Viertelwellenlänge voneinander
entfernt sind, können einen Strahler mit Superrichtwirkung bilden, wenn
die Lautsprecher abwechselnd ihre Polarität vertauschen

der Super-Richtwirkung leugnen nicht, daß der Anwendungsbereich
im praktischen Gebrauch begrenzt sein wird, aber die bloße Existenz dieses Effekts war jedenfalls lange Zeit für viele Wissenschaftler unannehmbar.

In der klassischen Optik gilt das Gesetz, daß die Richtschärfe
eines Sender- oder Empfängerstrahls vom Verhältnis der Wellenlänge zur Strahleröffnung (Apertur) bestimmt ist. Z. B.: Eine
linienförmige Öffnung L oder Anordnung der Länge L hat eine
Strahlbreite (am Halbwertspunkt der Leistung) von 51 λ/L (wo-

bei $\lambda = \frac{1}{2}$ Wellenlänge). Die Super-Richtwirkungstheorie behauptet nun, daß eine Anordnung derselben Länge einen stärker gebündelten Strahl abgeben kann, als es nach der oben genannten

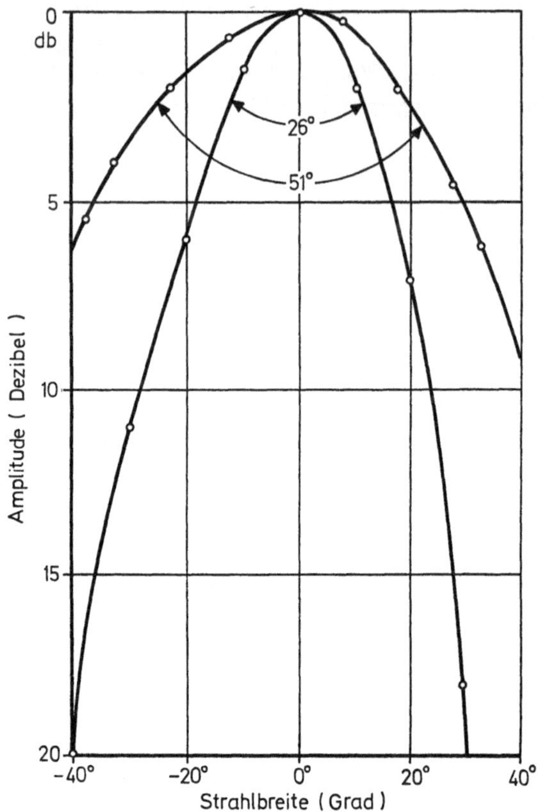

Abb. 7.16. Wenn die fünf Lautsprecher aus Abb. 7.15 phasengleich erregt werden, entsteht ein 51°-Strahlungswinkel (an den 3 db-Punkten). Kehren die Lautsprecher abwechselnd ihre Polarität um, so fällt die gemessene Strahlungsbreite auf 26° zurück

Formel möglich ist, wenn man bei den Elementen der Anordnung gewisse Polarisationsumkehrungen vornimmt.

Abb. 7.15 zeigt eine aus 5 Elementen bestehende Lautsprecherzeile. Diese können nun entweder alle parallel erregt werden,

d. h. alle Einheiten haben die gleiche Polarität, oder aber man kann Polarisationsumkehrungen bei einigen der fünf immer noch parallel geschalteten Einheiten vornehmen. Abb. 7.16 zeigt den gemessenen Strahlverlauf, wenn alle Einheiten dieselbe Polarität aufweisen (die Kurve des breiteren der beiden Strahlen) und auch den Strahl, wenn der zweite und vierte Lautsprecher im Verhältnis zu den anderen drei in der Polarisation umgekehrt sind. Deutlich ist zu sehen, daß die Abnahme der Strahlbreite tatsächlich auftritt, wobei die Größenordnung der Abnahme genau dem vorhergesagten Betrag entspricht.

Abb. 7.17 und 7.18 zeigen die sichtbaren Darstellungen der beiden besprochenen Situationen für diese Lautsprecherzeile. Dabei wird deutlich, wie der Effekt zustande kommt. Sind alle Lautsprecher phasengleich (Abb. 7.17), wird die Wellenfrontenkrümmung schon sehr bald im Strahlungsbild sichtbar, und ebene Wellenfronten finden sich nur sehr nahe an der Anordnung selbst. Bei der Super-Richtwirkung (Abb. 7.18) reichen die ebenen Wellenfronten im Strahlungsbild viel weiter, und außerdem ist ihre Länge (für jeden kennzeichnenden Schallintensitätswert, d. h. für jede Helligkeit) erheblich größer als die der Anordnung der fünf Lautsprecher selbst. Eine ebene Wellenfront wie diese, die frontal vor der Zeile verläuft, entspricht so einer Wellenfront, die von einer Zeile entsprechend größerer Länge abgestrahlt wird und deren erzeugter Strahl schärfer ist als der von einer kürzeren Anordnung, die gleichermaßen erregt wurde.

Mechanisch erzeugter Schall

Der Schallspektrograph bietet eine interessante Möglichkeit, die Charakteristika mechanischer Schallereignisse zu erforschen, die von Triebwerken verschiedener Art erzeugt werden.

Abb. 7.19 stellt die Aufzeichnung des Schalls dar, den ein propellergetriebenes Flugzeug beim Überfliegen der Meßapparatur erzeugt. Am Anfang und Ende der Aufzeichnung zeigen sich die zahlreichen Linien (Frequenzen), die den Vibrationen der Kolbenmaschine und dem eigentlichen Propellergeräusch entsprechen. Ihre Frequenzverschiebung im Laufe der Aufzeichnung wird durch den

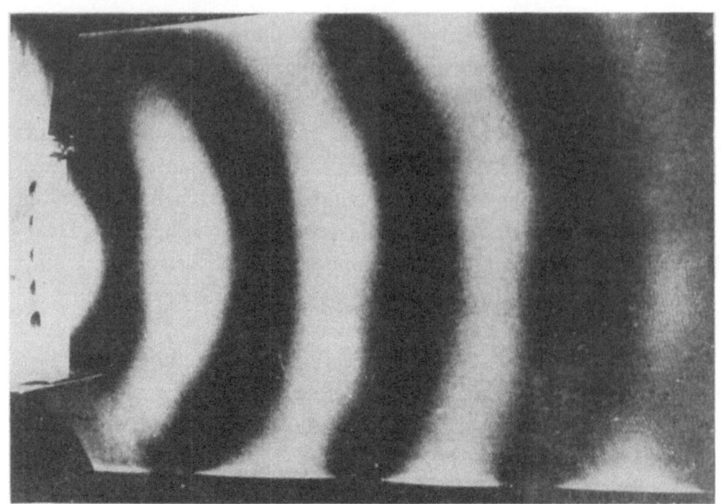

Abb. 7.17. Die phasengleiche Erregung der fünf Lautsprecher aus Abb. 7.15 zeigt die erwarteten gekrümmten Wellenfronten

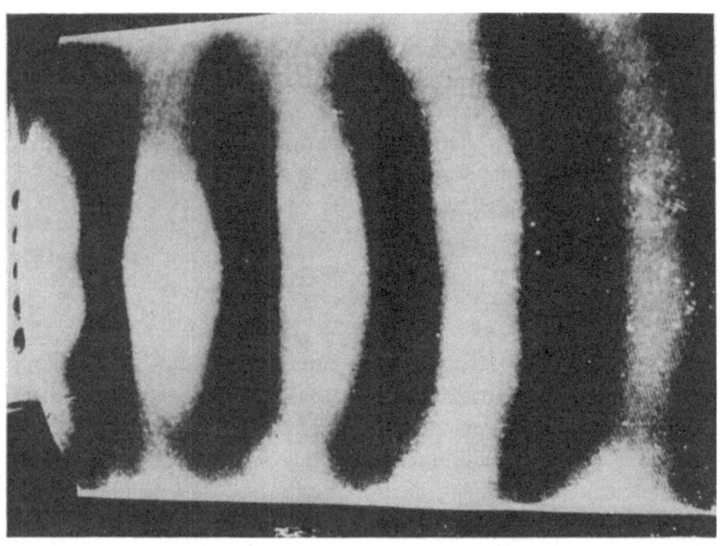

Abb. 7.18. Bei Erregung mit umgekehrter Polarisation (Superrichtwirkung) ergeben sich flachere Wellenfronten und deshalb ein schärferes Strahlungsbild

Dopplereffekt verursacht. Während sich das Flugzeug dem Hörer
(oder dem Meßgerät) nähert, steigt aufgrund dieser Bewegung die
Tonhöhe an (Frequenzerhöhung); mit dem Davonfliegen senkt
sich dann die Tonhöhe wieder (Frequenzerniedrigung).

Ein interessantes Experiment auf dem Gebiet dieses doppler-
modifizierten Frequenzbildes besteht darin, das vom Mikrofon

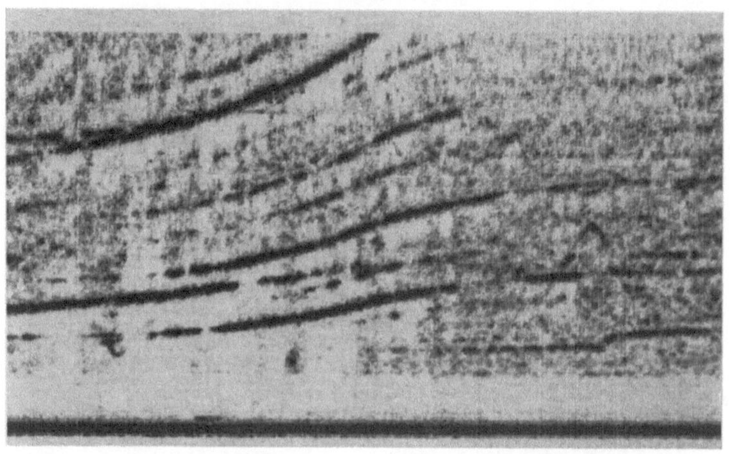

Abb. 7.19. Das Spektrogramm des Geräusches eines Flugzeugs, das über
das Meßgerät hinwegfliegt, zeigt eine Dopplerverschiebung bei den Fre-
quenzkomponenten (die Zeit nimmt von rechts nach links zu)

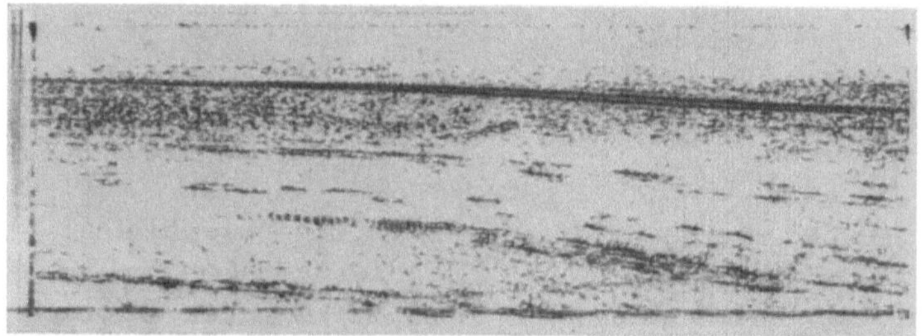

Abb. 7.20. Wenn man eine zeitlich verzögerte Nachbildung des Schalls
eines vorbeifliegenden Flugzeugs dem Originalschall hinzufügt, trennen
sich die aufgezeichneten Linien während der Phase des Abwärtsgleitens

empfangene Signal mit demselben Signal zu kombinieren, das nur
zeitlich geringfügig versetzt ist. Abb. 7.20 zeigt eine Schmalbandanalyse eines solchen kombinierten Signals mit einer sehr starken
Frequenzkomponente. Am Anfang und Ende des Signals ist nichts

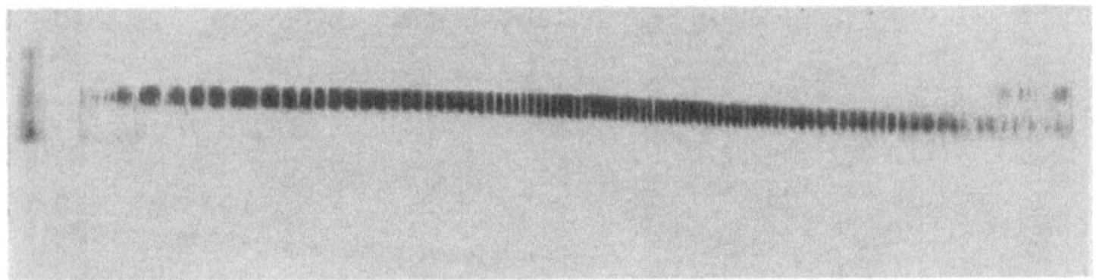

Abb. 7.21. Eine Breitbandanalyse der Aufzeichnung aus Abb. 7.20 zeigt
eine Schwebung der beiden Signale, wobei die Schwebung in der Mitte
des Abwärtsfluges am schnellsten ist

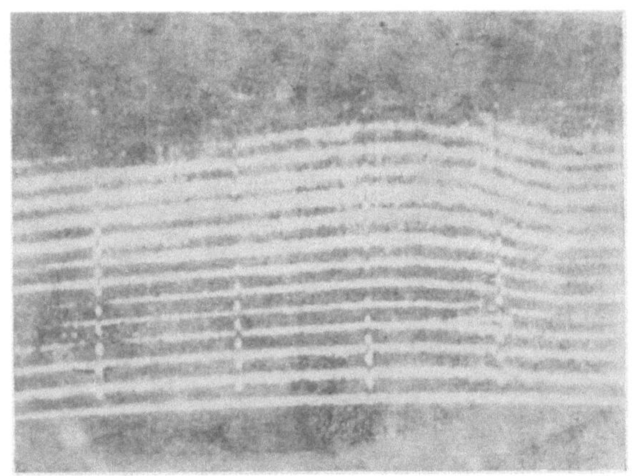

Abb. 7.22. Das Spektrogramm eines von einem Dieselmotor erzeugten
Schalls zeigt, daß er aus vielen Oberwellen zusammengesetzt ist

Ungewöhnliches zu bemerken, während des Frequenzabfalls jedoch eilt das nicht verzögerte dem verzögerten Signal voraus und
die zwei Linien trennen sich. Abb. 7.21 zeigt eine Breitbandanalyse der gleichen Aufzeichnung. Das Filter ist hierbei so breit,
daß die zwei Linien während der ganzen Aufzeichnung getrennt
verlaufen. Wir sehen hier jedoch deutlich einen Schwebungseffekt,

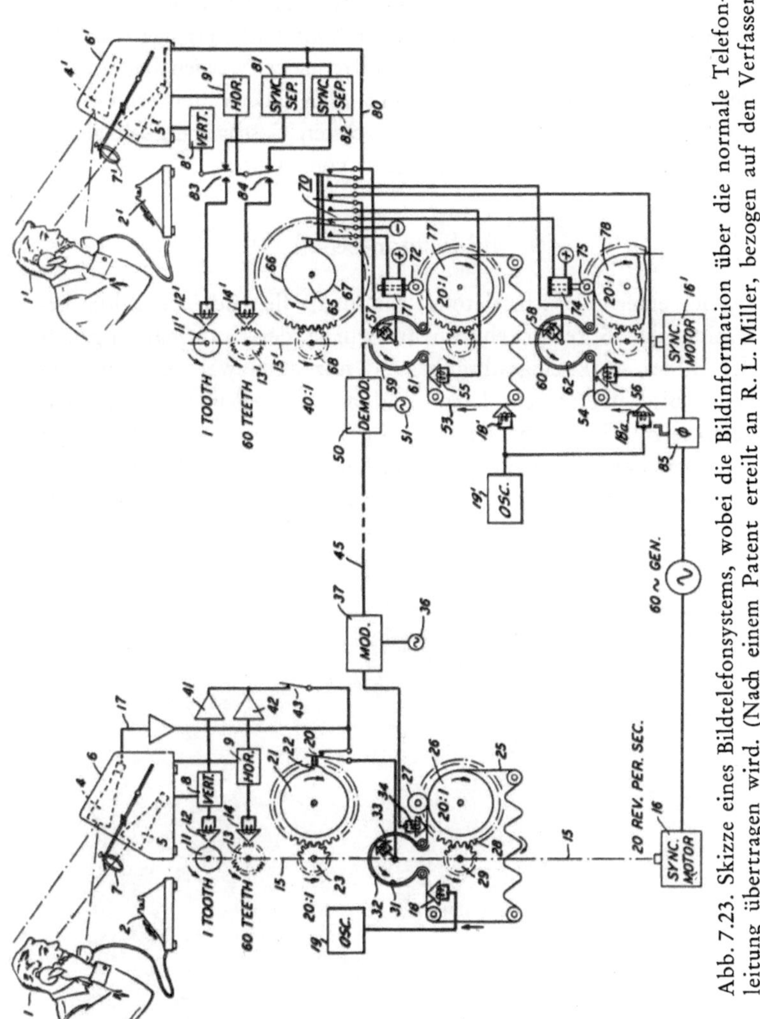

Abb. 7.23. Skizze eines Bildtelefonsystems, wobei die Bildinformation über die normale Telefonleitung übertragen wird. (Nach einem Patent erteilt an R. L. Miller, bezogen auf den Verfasser)

wobei sich die Schwebungsfrequenz in der Mitte des Abwärtsgleitens am schnellsten ändert. Dieser Mittelpunkt entspricht genau dem Moment, wenn das Flugzeug direkt über dem Meßinstrument ist.

101

Abb. 7.22 zeigt die Aufzeichnung eines Dieselmotors, wobei die Maschinengeschwindigkeit langsam erhöht und verringert wurde. Die tiefsten Frequenzen (die Grundfrequenz) werden bei steigender Geschwindigkeit zusammen mit allen Oberwellen erhöht (die höheren Linien). Am Punkt der höchsten Geschwindigkeit zeigen die Oberwellen die größten Abstände voneinander.

Bildtelefon-Schall

Bei einer Versuchstelefonverbindung, die auch die Bildinformation der Sprecher einschließt, wurde der Informationsgehalt des Bildes stark eingeschränkt und nur alle zwei Sekunden ein neues Bild übertragen. Diese Bildabstände erlauben jedoch, das gesamte Bildsignal über die normale Telefonleitung zu übertragen (Frequenzbandbreite für den Sprachbereich: 300—3400 Hz). Damit erreicht man, wenn auch auf Kosten einer sehr schlechten Bildauflösung, eine größtmögliche Wirtschaftlichkeit für den Benutzer.

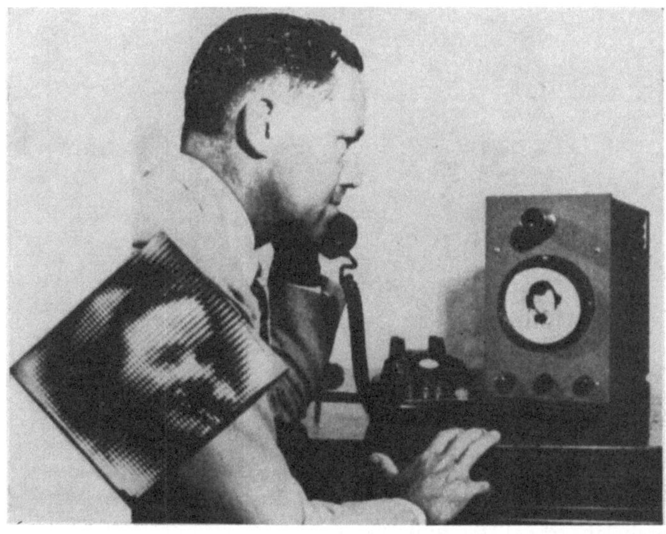

Abb. 7.24. Experimentelles Bildtelefonsystem, basierend auf der Skizze aus Abb. 7.23. Der Ausschnitt zeigt die erreichbare begrenzte Bildauflösung

Die Signale dieser Bilder, die begrenzt sind von der Kanal-
breite, entsprechend dem Frequenzumfang der menschlichen Stimme,
liegen im Hörfrequenzbereich und können, wenn man sie an einen
Hörer anschließt, als Töne gehört werden. Um jedoch *diese* Töne
sichtbar zu machen, werden der Fernsehtechnik vergleichbare Tech-
niken angewandt. Eine Lösung bei dieser Methode besteht darin,
das ankommende Signal magnetisch für zwei Sekunden aufzu-
zeichnen, es dann sehr schnell mehrfach abzuspielen (etwa 30mal
pro Sekunde) und die entstehende Ausgangsgröße dann in eine

Abb. 7.25. Bildtelefonaufzeichnungen auf elektrisch empfindlichem Papier

Kathodenstrahlröhre einzuspeisen (Braunsche Röhre). Dieser Vorgang ist in Abb. 7.23 als Skizze dargestellt. Der Betrachter sieht
auf diese Weise das eine Bild seines Gegenübers in sechzigfacher
Wiederholung (d. h. zwei Sekunden lang), während das nächste
ankommende Zweisekunden-Signal auf einer zweiten Magnettrommel oder Bandspule für einen späteren Wiederholungsvorgang
magnetisch aufgezeichnet wird, woraus dann das erneute Zwei-
sekunden-Bild zum Betrachten entsteht. Abb. 7.24 zeigt das Gerät
zur Bildbetrachtung; der kleine Bildausschnitt ist die Fotografie
eines Bildes, das auf der oben genannten Kathodenstrahlröhre erzeugt wird.

Ein weiteres Verfahren bedient sich der Schallsichtmethode,
ähnlich dem von Potter entwickelten Schallspektrographen. Wäh-

Abb. 7.26. Die Schallrichtcharakteristik dieses Lautsprechers ist asymmetrisch, was auf eine fehlerhafte Konstruktion schließen läßt

Abb. 7.27. Die Schallrichtcharakteristik dieses Lautsprechers ist annähernd symmetrisch

rend der zwei Sekunden, in denen der Schall für das Bild übertragen wird, gleitet eine Nadel (oder ein sich drehender, spiralförmiger Draht) viele Male über ein rechteckiges Stück Papier. Dieses Papier ähnelt in seinen Eigenschaften dem beim Schallspektrographen verwendeten Papier: es spricht auf die ankommenden elektrischen Signale an, d. h. der Schwärzungsgrad der Striche entspricht der Stärke des Signals (ein starkes Signal ruft schwarze Markierungen hervor, ein schwächeres Signal graue und bei ganz schwachen Signalen unterbleibt eine Markierung). Auf diese Art entsteht während der zwei Aufzeichnungssekunden ein „Druck" des ankommenden Signals. Es wird dem Betrachter für zwei Sekunden gezeigt, während schon das nächste „Schallbild" aufgezeichnet wird. Beispiele von nach diesem Prinzip erstellten Bildern zeigt die Abb. 7.25.

Lautsprecher-Charakteristiken

Genaue Kenntnis der Schallabstrahlungscharakteristik kann bei der Ermittlung der Genauigkeit von Lautsprechereinstellungen von großem Nutzen sein. So ist z. B. die in Abb. 7.26 gezeigte Darstellung deutlich asymmetrisch in der Schallabstrahlung. Über der Hauptstrahlungskeule erscheint ein Loch, das im unteren Teil des Bildes nicht zu sehen ist. Das wesentlich symmetrischere Lautsprechermuster in Abb. 7.27 läßt auf eine erheblich bessere akustische Übertragungsqualität schließen.